自然感悟
Nature series

那些动物教我的事

一位自然观察者的博物学札记

张 瑜 ◎ 著

商务印书馆
The Commercial Press
始于1897

图书在版编目(CIP)数据

那些动物教我的事：一位自然观察者的博物学札记/张
瑜著.—北京：商务印书馆，2023(2024.3重印)
（自然感悟）
ISBN 978-7-100-21956-3

Ⅰ.①那… Ⅱ.①张… Ⅲ.①动物学—普及读物
Ⅳ.①Q95-49

中国国家版本馆 CIP 数据核字(2023)第 008556 号

那些动物教我的事：
一位自然观察者的博物学札记
张瑜 著

商 务 印 书 馆 出 版
（北京王府井大街 36 号 邮政编码 100710）
商 务 印 书 馆 发 行
北京雅昌艺术印刷有限公司印刷
ISBN 978-7-100-21956-3

2023 年 4 月第 1 版　　　　开本 880×1230　1/32
2024 年 3 月北京第 4 次印刷　印张 9⅜
定价：80.00 元

序　言

　　五年前，余节弘老师问我是否愿意出本书，内容就以我观察较多的几种动物——鸭子、松鼠、刺猬、螳螂为主，讲讲我和它们相识相知的故事。

　　初闻此提议，我备感惊喜——终于可以写点自己最喜欢也最为了解的内容了。不过，兴奋之后我又陷入茫然，因为多数时候我只是关注动物本身，去观察了解它们的吃喝拉撒、家长里短，而不像"情感博主"那样靠文字构建情感故事去打动人心，这"相识相知"好像有点难为我了。

　　于是，我有点心生退意，赶紧去跟余老师沟通，没想到他一招"四两拨千斤"便将问题迎刃而解。

　　我们还是以动物生活本身为主，但不是像常规科普那样以第三人称去叙述，而是通过你的观察，讲述从这几种动物那里学到的知识，然后再以"动物为师，你为学生"的角度，起一个立意独特的书名，比如《那些动物教我的事》，这样动物的角色设定一下子就立住了。

如此一来，事情似乎变得容易多了，对我来说甚至可以算是轻车熟路。随后，试写的样张顺利通过，选题批下，我认为接下来的工作可以水到渠成地执行了。

然而，正式开工后，我却发现它并非想的那么简单，单整理思路环节就困难重重、分歧频出。如果依旧是按部就班地讲述我观察到每种动物有什么外貌特征、吃些什么、住哪儿、爱干些什么之类，那就又走上了传统科普的套路。虽然其中不少内容是"超越"资料的，但形式内容仍未免有些单调，缺少趣味性。另外，它又没有集锦类科普书涉及的物种丰富，缺少新奇感和"明星物种"效应，很难吸睛，阅读体验难免大打折扣。

试想，若连我这"热爱自然的疯子"都对此不买账，那于大众读者来说，很可能读不了几页就颇感乏味，进而将其搁置一边。

我纠结许久，也难理出个头绪，撰写进入卡壳难产中，不得不暂时搁置，但心里一直在琢磨着。时不时地，我总会想起余老师提及的"和几种动物相识相知"，怎么才能将一个看似情感漫溢的经历，做到和介绍动物习性无缝衔接呢？

有好几次，恍惚中我仿佛瞥见曙光，但想法时通时断。为防止灵感稍纵即逝，每次我都赶紧趁热打铁记下点滴思绪。所幸，最后把若干次的"灵光一现"串联起来，终将思路全线贯通。

"相识相知"并非特指我和某种动物结识并对其形成认知这一结果，而是一个过程。把维度放大一些，对我来说，在和这些动物朋友相处时，对它们的了解都是逐步推进的。其间，情节跌宕起伏，真相扑朔迷离，对错频繁交替，这不才真正是我和它们的相识相知嘛！介绍动物本身的同时，插入这些比正戏更精彩的"幕后"花絮，必定会锦上添花，让内容丰富饱满，思路线索也会更为清晰，立意更加独特。

尽管我已逐步开窍，但书稿还是浩浩荡荡拖了几年才算初见眉目。因为在此期间，我的观察总不时会有新的感悟和发现，我想把这些最"烫手"的成果跟读者分享，便不停地微调内容，这也导致交稿日期一拖再拖。

坦率地说，这本书的内容有点"另类"，也有些冒险，毕竟它只是围绕四个主要物种展开的，少了点传统集锦类科普书的琳琅满目感。但我觉着它也足够精彩，只要稍稍安心读进去，就会发现它像一本悬疑小说，环环紧扣。更重要的是，它会给读者打开一个比较新的自然观察视角。进入其中，能真正体会到"自然观察无大小"，在有限的物种范围内，一样可以于纵深维度上开发多样性，让"有限变为无限"，体验更多形式的观察类型，逐层深入地思索、求证并乐在其中，这也是我做这本书最大的愿望。

在这里，要特别感谢余老师和张璇老师的理解、宽容，他们接受了我以"慢吞吞"的写作方式书写慢节奏的观察故事。同时，也祝愿广大读者朋友能通过此书体验到"慢观察"的快乐，并找到自己最为热衷的观察方式，在有限的时空和物种范围内，享受无尽的观察乐趣。

张瑜

2022 年 9 月于家中

目 录

小鸭恋

　　虽然我从记事起就喜欢观察动物，不过要正式谈及"我和动物的故事"，那还是得从小学六年级时的那段养鸭经历说起。讲得更明确一些就是，在那之前的事儿都不算数，鸭子才是真正指引我亲密接触自然、观察自然的第一位导师。

　　说来可能感觉有些好笑，我童年时期是个胆小鬼，虽然喜欢自然，但却不敢和自然接触，连"捉蜻蜓"这种其他小孩眼中的常规操作我都怕得要命。那会儿，我也学着别的小伙伴那样，自己做了抄网跟去捉蜻蜓。或许是自带着点观察动物行为的天赋，我很快掌握了捕捉技巧并迅速成为这群孩子中捉蜻蜓效率最高的。不过对我来说，捉蜻蜓容易取蜻蜓难。我看别的伙伴手伸进抄网，一把就将蜻蜓拢住拿出，然后合上翅膀夹在指间。但轮到我做，这一过程就变得异常复杂艰难。我不敢直接伸手抓，只能用手在外面隔着纱网捏住蜻蜓翅膀，然后另一只手伸进去，这样一里一外配合着，将蜻蜓左右翅膀合在一起，然后夹在手指间，

确保它不会乱扑腾了才敢往外拿。

相比于蜻蜓，我童年时对蟋蟀的恐惧更甚（其实，直到如今，我虽然不再怵头捉蛐蛐儿，但它依然会给我带来一些不太舒服的视觉感受）。那会儿每到初秋，胡同里的大人小孩们都热衷于捕捉蛐蛐儿用来比斗。看着蛐蛐儿罐儿周围聚拢着一圈人，不时地还传出获胜者清脆的凯歌，我自然不能免俗，凑到跟前儿去看热闹。继而，我也准备去捉来几只饲养，并加入到斗蛐蛐儿的队伍中。如果养的蛐蛐儿能够获胜，自己脸上也会跟着增光。然而，捕捉蛐蛐儿的过程对于我来说确实十分煎熬，因为它总会蹦，每一跳都会让我心里一激灵。好在后来做了罩网，不用再徒手捕捉，不过另一场噩梦才刚刚开始。那是我第一次用罩网去捉蟋蟀，难度确实小了很多，没费什么周折就将一只绿头鸭雏鸭。

毛茸茸的小鸭子让人很难有抵抗力。

见到它们，我便彻底沦陷了。

蛐蛐儿扣住。它蹦到了侧面的纱网上，当我抬起罩网时，它那肥胖惨白的腹部和大腿尽显无余。顿时，我心里一股恶心喷涌而出，恨不得把前天吃的东西都吐出来！想不到蛐蛐儿腹面给我的视觉感受竟会如此不爽！

诸如此类的事情数不胜数，可以说，我的童年就是在"喜欢看动物"和"不敢碰动物"两种纠结的情绪捆绑下度过的。而这一切，都在1992年清明后一个周日的中午被打破了。

那天上午，我照旧去美术班学习。中午放学途经农贸市场时，一种奇怪的叫声引起我的注意。声音比较尖细，也比较杂乱。我循声找去，发现了放在路边的两大筐雏鸭。说来有些惭愧，虽然当时我也"老大不小"了，但在城里长大，每天过着"学校—家"两点一线的生活，还未曾仔细看过小鸭子。此前，倒是见过别人家养的小鸡，但我对小鸡感觉不太好：尖嘴尖脚趾，都会让我在心理上有些排斥，而且鸡的运动速度太快，让我有点不太适应。雏鸭给我的感受则完全不同，扁扁的小嘴没有丝毫威胁感，脚趾间还有蹼，很像胶皮船桨。看到它们第一眼时，我的心就被萌化了。

"多少钱一只？"

"一块一个，一块五一对，买一对好养，一只不好活！"

摊主强烈撺掇我购买一对。

一摸口袋——没钱。怎么办？买！必须买，借钱也要买！此时，我的脑子里已经没有其他选项，谁也不能阻止我拥有两只毛茸茸的小鸭子。至于买回去家里让不让养、能不能养活、放在哪里养、养大了怎么办之类的问题都被抛得远远的。经我苦苦央求，同学答应借给我钱。在当时那个年代，对于小孩来说一块五也算是个不小的数目了。

摊主用个塑料袋装起两只雏鸭递给我，我接过后便有些为难了。本来我想用手拎着塑料袋骑车赶回家，但刚推上车这两个小家伙就不安分起来，一直叫个不停，还争相往外跳，我不得不停下来另想办法。此时，同学又开始责怪我"买这东西干吗，怪麻烦的，现在连如何回家都成难题了"。

无奈之下，我只好尝试着双手合拢把它俩捧起。有意思的是，在我手中，两只小鸭子挤在一起，很快安静下来，也不再折腾。而当我再次把它俩装进袋子里拎起时，又立刻转为"惊叫＋飞跳"模式。我重新将它们捧在手里，两个小家伙又恢复了安静。看来，它们很喜欢被包围着的感觉，要不放到口袋里试试？效果令人称奇，这招儿真管用！

两只雏鸭一进口袋，就立刻露出幸福的倦意，然后微微挪动几下身子，接着眯缝起小眼儿，感觉要酣然入睡了！当我用手盖住口袋开口的时候，它们显得更加舒适起来。见此状，我赶紧骑上车。那时我个子还小，却骑了辆28大车，脚尖都不能完全触及脚蹬子，是典型的"猴骑骆驼"。我一手捂着口袋、一手扶着车把，实属"高危"操作。是两只小鸭子给我打了一剂强心针，我就这么小心翼翼地蹬车回家。所幸那会儿人车密度远不比现在，又赶上大中午，路上车辆稀疏。最终，我一路畅通无阻安全到家了！

让我感到出乎意料的是，回到家中，母上大人并没有数落我，只是要求别影响学习。而老爸下班回来后看到我买了鸭子，第一反应是"行啊，鸭蛋比鸡蛋贵"。看来，他想得更长远、更实际！

鸭子会游泳这事尽人皆知，我也在海河里见过大鸭子凫水。但小鸭子是天生就会游泳吗？我当时并不知晓。于是，我拿来家里的洗脸盆接满水，然后把它俩放了进去。咦！真的漂在水面上不会沉底，而且它们显得非常开心，双脚轻轻向后划动，开

始在这个小泳池里转圈游动起来。不单游泳，两只雏鸭还低头不断地用嘴吧唧着水面。随后，又各自开始理毛。当它们开始用脚快速地扒拉脸颊和下巴的毛时，我发现个规律：每次梳理时头会歪向一侧，然后同侧的脚向前伸、快速抖动抓挠，而另一侧的脚则向后伸直。同样，梳理另一侧脸颊时也会有这个规律。此事让我深感"这小东西比我想象的要复杂好玩"。

一连两日，小鸭子平安无恙。第三天放学后，我照旧把它们放到盛满水的脸盆中，随后便出去买东西去了。没想到，短短十多分钟的工夫，等我回到家中，其中的一只已经奄奄一息。还是邻居提前发现它有异常、侧浮水中瑟瑟发抖，我赶紧将它捞出裹上了毛巾。很遗憾，它没挺到天黑就死去了。这事儿给我打击鸭子在水中用一只脚梳理脸侧的羽毛时，另一只脚会伸向后方保持身体平衡（据我观察，雁鸭类、鹈鹕都有此行为规律）。

过大，让我非常自责内疚，总觉着是自己害死了它，以至于随后的一周里几乎没正式吃饭。

还好，时间渐渐抚平了我内心的创伤。不过好景不长，半个月后，另一只雏鸭"走失"了，双重的打击让我彻底崩溃了。接下来很长一段时间里，我都沉浸于四处寻找鸭子"对话交流"的节奏状态中——如果看到谁家养了鸭子，我一有空就会去串门，然后守在那儿观察。在那一年的暑假里，隔壁胡同一户人家养了四只鸭子，它们成了我最为亲密的伙伴，每天我都要带上水和速写本，跑去待上半天。

唤醒本能

　　话说小学毕业那年我养鸭失败，继而中了"鸭邪"。转年我时来运转——1993年夏天，我又养了两只雏鸭，这次真的顺利将它们健康带大了。虽说后来因为种种原因，我迫于无奈将鸭子送予他人，不过和它俩在一起的那四个月里，经历了诸多事情，对我日后的观察思维以及专业取向都产生了深远的影响。

　　在两只鸭子还小的时候，我依旧是将洗脸盆作为它们的游泳池，每天中午气温较高时，就将它们放到装满水的盆里游泳。半个多月后，两只雏鸭大了一倍，在盆里虽然还能漂浮，但基本没法转身。又过了段日子后，情况更为尴尬——因为体量猛增、腿脚变长，它俩一进盆就直接踩到了盆底，这么直愣愣站着就已经将盆占满，很难再横着身子漂浮了。

　　如此一来，别说在盆里游泳了，就连洗个澡都显得颇为困难。为了保持干净卫生，我只好将它们放在院里的水龙头下冲澡。一开始水流过猛，两只鸭子还有些不太习惯，都缩着脖子发呆。后来，我用手指将水柱分流，慢慢地它俩开始喜欢上了冲淋浴。虽然这样能保持羽毛洁净，但过程中它们始终是站在地上，而没有游泳时浸入水中的漂浮感。就这么着又坚持了半个月，终于熬到我快要放暑假。

放假了就能解决游泳问题吗？当然，我家住海河边，暑期每天我都要去河里游上一下午，到时候就可以带着鸭子一起去了（这里我不得不特别声明，那些年我岁数小不懂事、贼大胆，大家可别去河里游泳，就算没生命危险，也会有健康隐患，我就经常犯肠炎）。

期末考试成绩不错，这下我顾虑消除（之前期中成绩很差，老妈曾扬言：学不好就不能养鸭子），能整天跟鸭子泡在一起了。这么多天没法下水游泳，我想它俩一定都憋坏了吧！现在机会来了，一个篮子装一只，往自行车车把上一挂，走起！

我本以为它俩见到开阔的水面时会如"久旱逢甘雨"般异常兴奋，迫不及待地下水畅游。想到两只鸭子打小游泳技能就十分过硬，所以我直接把它们拎进了垂直堤岸的深水区。哪成想两个家伙下水后，一个多月前在洗脸盆里自如漂浮时的那份从容惬意消失得无影无踪。可能是因为在陆地上待久了，加之很长时间没有下水，它们已经完全忘了该如何与水相处，也不记得自己天生可以漂浮。取而代之的是两只鸭子脖子紧缩、双脚猛蹬，身体几乎竖直着立在水中，非常像我们在深水区踩水时的样子。

初看此景，我还觉着滑稽可笑，也没太当回事。但几分钟过后，状态依然没有任何改观。看它俩眼神表情一副惊魂未定的样子，我脑子里瞬间浮现出自己当年学游泳时的悲惨经历。见势不妙，我想着还是循序渐进吧，于是把它俩拎上了岸。其中一只鸭子两脚刚落地，恐惧情绪就瞬间消失，紧接着它恢复为正常模式，开始理羽。而另外那只上岸后依然没缓过神来，一直趴在地上浑身打颤。它腿脚像痉挛了一样不听使唤，根本站不起来，看来着实吓得不轻。所幸也无大碍，几分钟后它逐渐恢复了正常。真想不到，鸭子与生俱来的游泳本能在经过一段时间的搁置后，竟然被封存了起来。

这该怎么办？我想起自己学游泳的经历：从零起步时，最初几天要在浅水区熟悉适应一下，等漂浮没有问题了再过渡到深水区。我准备将这方案套用到鸭子身上试试看，不同的是我有人教，而它俩只能靠唤醒的本能来指导行动了。至于能否成功，我当时也没把握，试试看吧！

接下来的一周里，我将两只鸭子带到浅水区，这里的河岸缓坡入水，它们可以自主下水、上岸，逐步增加身体与水的接触。果然，双脚能踩到水底的时候，两只鸭子心里就踏实多了，开始玩起老把戏——在将将没过腿（跗跖）脚的水中涮洗身体。很快，它们便不满足于只站在浅水里，开始试探着向水稍深的地方行进，身体也随之横了过来漂在水面上。不过这个状态只能维持很短时间，它们并不会向更深的地方游动，小试一下便又回到岸上。

虽然仍不敢畅游，但我能感觉到它们身体里的"游泳基因"已逐渐被唤醒，两只鸭子慢慢"回忆"起了自己和水的关系。在凫水这件事儿上，它俩每天都有很大进步，进入深水的时间越来越长。短短一周时间，两只鸭子的泳技有了脱胎换骨的变化，已完全能够驾驭深水，并表现出异常强烈的远游欲望。此时，表面看上去，它们在水中的状态和农村那些打小在水塘里长大的鸭子并无两样了。

你叫秋沙鸭？

　　如今看来，指着绿头鸭问"这是不是秋沙鸭"似乎有些荒谬，认识个绿头鸭还叫个事儿啊？不过在那会儿，这问题还真把我给害苦了，翻来覆去折腾了挺长时间才搞清真相。倒不是我推卸责任，可这当中经历的"坎坷曲折"确实主要拜一本书所赐，且听我慢慢道来。

　　当时，在我和周围人的认知系统中都还没有"绿头鸭"这名字，不过一些长辈认识绿头鸭，因为以前狩猎时打过。公鸭绿脑袋、白颈环、尾巴上还带两个钩，这些特征他们都能一一对上号。若要向他们求问这种鸭子尊姓大名，答案都直截了当，三个字：野鸭子。其实在他们看来，绿头鸭就是野鸭，野鸭就是绿头鸭。而且，那会儿不搞专业研究的人基本也不会说"家鸭是由野生绿头鸭驯化而来"，没这么复杂，就简简单单一句话："家鸭是由野鸭驯的。"

　　就我个人而言，首次留意到绿头鸭是在初一下学期的劳动节

1-02 普通秋沙鸭体型和绿头鸭相当，不过外形
更为细长，画风和绿头鸭完全不同。

雄

1-①

雌

1-②

假日，地点是天津动物园的水禽湖。虽然那里从建立之初可能就养着绿头鸭，但我此前若干次到访都没关注过水禽湖，兴趣点全集中在狮子老虎这类大型猛兽身上，连小一号的豹子都不待见。正是前一年那段养鸭失败的经历，让我在这次游园中有强烈的渴望，要去水禽湖看看那儿养的鸭子，没成想还见到了这些外貌和家鸭相似、个体却要小一圈的野鸭。

老爸很自信地跟我介绍：这是野鸭子，就这么小，家鸭是这玩意儿驯化的。自此，我也算是将野鸭和家鸭对上了号。之后再去动物园，每次必到水禽湖，观察野鸭（那会儿动物园水禽湖里饲养最多的就是绿头鸭）也成了当日主要任务之一。

很遗憾，当时我并没能找到这种野鸭更多的相关介绍。好在我记住了它们的形象，也拍了照片作为绘画素材，有了这些证据，想着以后在书中见到它们照片时一定要留意下对应的文字内容。

那会儿资料匮乏、信息不畅，直到一年后（1994 年夏天），

1 普通秋沙鸭捕鱼为生，嘴（喙）细长、尖端带个小弯钩，嘴边生有密齿，方便抓鱼不打滑。

2 斑头秋沙鸭体型较小，不过身形依然属于瘦长类型，嘴偏尖，专业捕捉鱼虾。

我才在一本在当时看来相当"高大上"的动物画册中见到这种野鸭的照片。此书为精装本，每种动物三四张照片，还附有一页文字，这在当时几乎是独一无二的。当然，价格也不菲，看了定价我这心顿时凉透了，只好频繁地跑去书店现场翻阅。可我总这么折腾、光看不买，售货员也会有意见。更何况每次都只能是她戴着手套给我快速翻页，看也看不痛快。最后迫于无奈，我还是跟家里开了口，所幸这个正经的请求被应允了。

新书到手，我如获至宝。最初几个月里，我几乎每次翻看都要戴上手套，生怕把它弄脏。书里这种野鸭的照片，让我感觉如见故知——绿头、白颈圈、尾巴上有两个钩，没错，就是那野鸭！再看名字，赫赫写着"秋沙鸭"三个大字！哦，原来叫秋沙鸭，一桩悬案"尘埃落定"。

这本画册的入账开启了我的购书狂潮。很快，我又如愿购进一本央视《动物世界》栏目组出版的同名图书。起初翻阅时，我免不了会被兴趣偏好左右，不由自主地就去寻找带"鸭"的篇章，视线焦点一下就锁定目录中的"秋沙鸭"。虽然此书只有开始几页配着照片，后面几乎清一色密密麻麻全都是《动物世界》的解说词，可读性并不是很强。不过当时感觉就冲这一篇，这钱没白花。

我打开"秋沙鸭"当页，反复仔细品读，虽说总感觉字里行间描述的内容和我见的"秋沙鸭"不太一样，但当时也没过多质疑，便顺理成章地把这书中秋沙鸭的文字内容和上一本画册中"秋沙鸭"的照片有机地结合了起来。更何况，书里描述秋沙鸭极善捕鱼，很是让我沾沾自喜，一下子想到之前养的那两只鸭子"潜入水中捉鱼并在水下就把鱼吃进肚"的场景，更愿意往它们身上"贴金"了。

以上这一系列"自圆其说"的剧情，如今看来有点狗血，不过回味起来倒也是蛮真实、蛮有意思的经历。直到 1996 年，随着另一本大书——《世界鸟类》的到来，真相才得以水落石出。这应该算是我看过的第一本专业书，在"古北界"这一章，有一对页各种野鸭的照片。我根据特征对号入座，找到了曾经的"秋沙鸭"以及真正的秋沙鸭。自此，绿头鸭的大名、身份以及它和家鸭的关系才正式进入了我的认知。

潜水的秘密

"我会潜水"

自打我养的两只鸭子完全恢复了水性，之后每天再去游泳，我就安心地放任它俩在深水区自由活动。看着它们娴熟的泳姿，我心中的成就感油然而生。两只鸭子除了游泳和觅食，还逐渐开始在深水中洗涮沐浴。突然有一天，意想不到的情况发生了。

当时它俩正酣畅洗浴，不停地半扇翅膀拍击水面，搞得水花四溅。突然，其中一只愣住了，紧跟着翅膀一扑棱，整个身子坠入水下。我正感到匪夷所思，另一只鸭子也做出同样动作，从水面上消失了。很快，先钻入水中的那只冒出头来，感觉它依然神情慌张，在第二只也钻出水面的瞬间，它再次沉了下去。就这样，两只鸭子相继在水中上上下下，那状态我说不好是兴奋还是紧张，总之动作看上去并不协调流畅，有点怪怪的。所以，当时我甚至怀疑是黑鱼或鲶鱼咬住了它俩并往水下拖拽（当地民间

鸭子
洗浴
流程

子
浴
程

1~

2~①

2~②

3~

1　起初，它会在水中反复前仰后合，让水从前至后流经体表。

2　①② 接着，鸭子会在水中摆出各种"匪夷所思"的姿态涮洗，目的就是让水和羽衣表面充分接触。

3　有时，甚至来个"倒栽葱"。

4　①②③ 洗浴过程的高潮，常出现潜水行为，而且很多时候会伴有同伴间的追逐打闹。追嬉中，鸭子经常在落水的同时就一头扎入水下。

4~①

4~②

4~③

流传着这两种鱼生性凶猛，还会吃死人之类的说法）。不过很快，两只鸭子恢复了平静，起身抖抖翅膀，开始十分惬意地梳理打扮起来，看来刚才不至于是什么危及生命的情况。

　　随后几天，两只鸭子每到河里游泳，都会在洗浴最疯狂的时候来几次这样钻入水下的活动，我开始意识到这是它们有意为之，并非什么意外。那它俩到水底下干什么去了？此问题一抛出（向周围的邻居、同学提起），答案接踵而来，大家都理所当然地认为——鸭子钻到水里去捉鱼啊！而当我谈及"未见它们叼着鱼上来"的疑惑时，邻居大爷恰如其分地给出一个看似合理的答案：它们在水底下就把鱼吃了。的确，"水鸟喜欢捉鱼吃，能在水下自如进食"似乎是个思维定式。所以，我那会儿也没有拒绝

　　这个说法，甚至还感到很是自豪，因为自己养的鸭子能在水里捉鱼了，这让我在几个胡同的养鸭同行面前颇为得意。

　　本以为鸭子潜水问题已告解决，哪想"好景不长"，后来我发现家鹅也会潜水，而且同样发生在洗浴过程中。但我跟养鹅的老乡交流过，鹅不食荤腥（如今来看，这么说并不十分严谨，因为有的个体也会偶尔吃些鱼虾，但大多数确实对动物性食物没兴趣），不会捉鱼。另外，鹅潜水前后还常伴有同伴间激烈的追逐打闹，也就是"潜水—追逐—再潜水—再追逐"的循环过程，这看起来更像是一种游戏，而和捉鱼挨不上边！由于当时信息条件

2

所限，我没能力对这些问题快速查证，只能将疑问暂时封存。

两年后，升入高中，我机缘巧合拥有了一台望远镜（用别人送的学习机交换得来），便开始了在当时看来还颇为小众的观鸟活动。出于对鸭子的喜爱，有"家鸭祖先"身份的野生绿头鸭自然成为我的重点观察对象。在它们身上，我看到了家鸭潜水行为的翻版。但此后我从"正规"渠道得到的信息却是另一番描述——绿头鸭属于河鸭，不会潜水，最多只能翘起屁股把嘴伸向浅水底够吃的。一些书里还有各类野鸭取食生态位的展示插图，图中绿头鸭都被放在距离岸边最近的水面，在这儿它只需伸长脖子低下头就能用嘴触及水底。

虽然我自小倔脾气，不会对书本内容盲目笃信，但在当时，我确实认同了书中对绿头鸭觅食方式的解读。而且沿着这个思路，也很好地解释了"为什么我养的那俩鸭子每次潜水上来都空手而归"的问题，因为那本就不是在觅食。可我当时毕竟每天都亲眼见它俩潜入水下，后面也看到绿头鸭同样的行为，所以我并不认同"绿头鸭不会潜水"的说法，那这又如何解释呢？结合那几年里看到绿头鸭潜水时常伴有同类间激烈追逐的现象，我当时断定这很可能就是兴头来了撒个欢儿、追跑打闹而已（我游泳游高兴了不也同样会来上几次下潜！当时我就是这个逻辑）。自此，每每跟鸟友聊起绿头鸭，我都要怼一下圈内流行的"河鸭（绿头鸭属于雁形目河鸭属）不能潜水"的说法，然后再补充说明"河

鸭潜水属于嬉戏，确实不是靠此手段来觅食"。

水下割草机

　　时间进入 2002 年的本科毕业季，因早已凑满学分，我得以有更多时间外出观鸟。此时，我的观察方式有所调整，不再到处去搜罗加新，而是将精力集中于观察几种常见鸟类的生活细节。

　　6 月，我听闻玉渊潭公园有野鸭繁殖，便转战"进城"（此前多在大学附近的乡间活动）。在那儿，我首次有机会近距离观察绿头鸭一家（之前在郊外见的都特别机警，远远看见人就躲入芦苇丛中）。这里的绿头鸭颇有明星气质，习惯于被围观，还会找粉丝索要礼物（吃的）。一有人站到湖边做出投喂的姿态，湖中几个鸭妈妈就带着孩子们蜂拥而至。鸭妈妈通常负责站岗放哨，而雏鸭们则一通狼吞虎咽。

一轮投喂过后，有的馒头块儿还没来得及被鸭子吃掉，就自己吸饱了水开始下沉。我本以为它们都得便宜小鱼，没想到雏鸭们竟一个个接连潜入水下将其捞出。这事虽然有悖于我此前的认知，但我也并没太放在心上，而是找了个理由自圆其说——雏鸭身上的绒羽防水性差，弄湿后身体比重增大，反而潜水更从容，遂乐此不疲；成鸟羽衣防水性强，身体浮力大，水下活动不便，自然不愿露拙。如今看来，这是多么"自我感觉良好"的解释啊！

至此，我自以为完美升级了"绿头鸭潜水理论"。之后因学业及论文所需，我离开了城市湿地观察而转战南国雨林（海南省的山地雨林）。三年后，在我刚刚重回城市湿地鸟类观察不久，就又被现实打脸了。

事情发生在 2006 年 1 月。当天一早，我去玉渊潭公园边的河道，准备赶着晨光拍些绿头鸭的视频。刚到时，鸭子们多数都在冰面上或水中休息。

随着金色晨光穿过林立的楼群照亮了河道，鸭群开始躁动，

1～①

1～②

洗浴型潜水

1-①

觅食型潜水

1-②

陆续有个体起身梳理。接着，有几只朝我这边游来，速度渐快，仿佛有心事。游至一处后，它们开始低头注视水下。我赶忙调整镜头对准目标，然后通过取景器观察。恍惚间，感觉这几只鸭子好像比刚才变扁、变瘦了。我第一反应是怀疑镜片"歪斜 + 起雾"导致成像模糊，让我看走了眼。随即，我整理好眼镜后再看，它们确实瘦了，和周围漂浮着的鸭子一对比会格外明显：不单身形变瘦，吃水也变深了。我还没缓过神来，其中一只就微微抖了下翅膀，一猛子扎入水中。紧跟着，旁边几只也下去了。直观上，我能非常明显地感觉到：这次和我之前看到的那些洗浴时的潜水很不一样。

很快，这四五只绿头鸭都相继钻入水中，又陆续冒出头来，接着进入下一轮循环。这是我首次见到绿头鸭如此密集连续地潜水，而且动作节奏有条不紊，完全是潜鸭画风。几次下潜后，有的鸭子再次浮出水面时，嘴里已经叼着长串水草，接着"吧唧吧唧"将其吞下。随后，又有其他个体带着早餐上来。这么看，事态已很明朗——它们就是在有目的地潜水觅食！看来入水前的"瘦身"是为了减小身体体积，从而增大比重，方便在水下活动（后来证实，其他水鸟潜水时也会如此）。

我不禁在想，以前曾认为冬季北方大部分水域封冻，浅水区更是冻得硬邦邦，绿头鸭无法"翘屁股"觅食；有些地方虽没结冰但水较深，鸭子们也够不到底下的食物，所以它们南迁到方便就餐的湿地去越冬。那这次看到的会不会是属于另外一种情况——冬日里，周围找不到吃的而深水区却水草丰美，虽然绿头鸭们"翘屁股"够不到，但努努力潜下去仍能勉强得手。鸭子们权衡利弊后，有些就选择将能量用于潜水而非继续南迁，接着便在每天的觅食过程中较多地使用自己并不专业的技能（相对于专业潜水觅食的潜鸭、秋沙鸭而言）——潜水捞草。

在接下来的几年中，我的这个想法似乎在不断地得到印证。不单是我自己在冬季里经常看到绿头鸭潜水觅食，一些朋友受我鼓动，也于冬日里对这种以前不怎么关注的鸭子投入了更多的精力，同样屡次看到它们客串潜鸭角色。一时间，我又有些喜出望外——案件告破！

但这之后，我心里总是惴惴不安，感觉似乎哪个环节出了问题。过去，我们没有于冬季观鸟时在绿头鸭身上多下功夫，后来投入了精力，于是得到了新知。那其他季节里，在浅水处食物充足的情况下，我们有没有投入同样的精力去观察绿头鸭的觅食策略呢？如果没有，那就不能说它们只是在食物匮乏的季节才会潜水觅食。

我顺着这个思路捋了下线索：过去我对绿头鸭的观察多数集中在冬季，因为它们聚大群在开阔水面活动，少有植被遮挡，很容易看见；而到了夏季，水生植物繁茂，鸭子们又很隐蔽，所以就少有持续的观察投入；春秋两季，虽然鸭子数量较多，植物遮挡也不算太严重，但我又会因为其他迁徙过路的鸟类太多而分散精力，导致对绿头鸭关注得不够。所以，不同观察方式收获的信息并不具备平行比对的前提。如此一来，针对绿头鸭在其他季节是否会潜水觅食的问题，又被打上了一个大大的问号。

没想到此问题一出，答案竟然拖到十年后才浮出水面。在这段时间里，我的精力都被松鼠占去了。而当我重启湿地观察计划后，很快就有绿头鸭赏脸，向我揭了问题"老底"。

2018年4月中的一天，我像往日一样来到水塘边，继续跟踪几家小䴙䴘的生活，顺带关注在这里栖息的绿头鸭。当时，近岸边的浅水区域聚集了无数蝌蚪（中华蟾蜍的蝌蚪）。小䴙䴘对这些唾手可得的食物并不感冒，依旧忙着潜水捕捉鱼虾。倒是有几只喜鹊抓住了这不可多得的机会，小心翼翼走到水边，低头大吃一通后心满意足地离开。不多时，一对绿头鸭夫妇游来，母鸭忙着四下搜寻，很快就游到岸边芦苇丛中。如此密集的蝌蚪实在是让它欲罢不能，而公鸭则一直在边上非常警惕地守卫着。大快朵颐之后，母鸭又游到池塘中央的深水处，公鸭也跟了过去。

只见母鸭不停低头打量、若有所思，见此景我立刻想到它有可能会潜水觅食。果不其然，母鸭盯着水下端详了一小会儿后，迅速"瘦身"，接着一个猛子扎了下去。四五秒钟工夫，它无功而返。紧跟着，它又第二次潜了下去，再返回水面时嘴里叼着根菹草，几口吞了下去。随后，它又重复了几次，品尝了几根菹草后，夫妻俩游到岸边休息去了。

这次经历带来的颠覆性认知，不单是绿头鸭潜水觅食的季节性跟我之前的个人推断有异，更重要的是，这母鸭放着低头就能敞开吃饱肚子的蝌蚪大餐于不顾，"执意"要到水深的地方潜水捞草。如此看来,对绿头鸭来说,潜水觅食可能并不算太费事,非要在"绝境"中迫不得已才开挂使用。不过单单这一次,会不会属于小概率的个例?接下来的持续观察很快就打消了我的这个疑虑。

可以非常明确地说:绿头鸭不以潜水为主业,它们通常在洗浴嬉戏及躲避天敌时启动这一操作,不过觅食过程中也会偶尔"玩票"。即便是在水面食物非常丰富的季节里,只要绿头鸭看到水下较深处有更喜爱的美食,也同样不嫌费事"想潜就潜"。只不过前两种类型的潜水,其动作突然性更强,常搞得水花四溅,而觅食型潜水就安静沉稳多了,还经常会有很长时间的预备动作——低头注视水下,收紧羽毛准备启动。

"玩票"捕鱼

我养过鸭子,对它们在浅水中"浑水摸鱼"的能力丝毫不加怀疑。在较小的水体中,无论鱼虾还是小虫,都很容易被鸭子"吧唧"不停的觅食方式划拉进嘴里。不过,要说在"深水区"潜水捕鱼,曾经很长一段时间里,我是打死也不相信绿头鸭有这能耐。

虽然"潜水割草"已经被证明不足为奇,但毕竟水草不会逃

跑。就算绿头鸭在水下的泳姿再扭捏、再不协调，勉强捞几根草还是能够胜任的。可如果对方是条鱼呢？我想除非是病弱无力或濒死的个体，否则以绿头鸭在水下的身手很难得逞。而这种状态的鱼常横漂水面，我倒也确实看到过绿头鸭凑过去啄食（大鱼）或者直接吞掉（小鱼）。

不过我不是鸭子，想象终究是想象，真相还得靠事实说话。

在2017年末2018年初的这个冬天，观察水域内一位"机智鸭先生"的出现险些就解除了我之前对于"绿头鸭潜水捕鱼"的怀疑。它十分机智，既常伴于鸭群又善于脱离鸭群。它有块"自留地"，常趁同伴不注意自己偷偷摸摸溜过去，在那儿捕捉水底的泥鳅。不过，"自留地"水较浅，它只需要低下头或者最多将大半个身子扎入水中就能完成任务，并没有脱离绿头鸭典型的

捉到泥鳅后，如果不能当场快速吞下，"机智鸭先生"便会叼着泥鳅到冰上，然后再细致处理。

"翘屁股"觅食方式。倒是有一次，它叼上泥鳅后，在游向冰面的途中，泥鳅挣脱了。它赶紧一猛子扎下去，又将泥鳅捡了回来。这次它几乎整个身子都进入了水中，如果截取片段来看，还真有点像"潜水捕鱼"那么回事。

这让我对此前的判断产生了动摇：弄不好绿头鸭真的可以主动潜水捉鱼，也就是像秋沙鸭那样，为了捉鱼而潜入水中，并有能力将鱼捉住带回水面享用。

转年，一次偶然的机会，几只绿头鸭用实际行动向我展示了它们的能力。当时，公园里有一小块不冻水面，水不深，一米左右。这里有十几只绿头鸭和两只越冬的黑水鸡。下午，绿头鸭睡饱了，起身开始觅食。虽然它们也经常做出"翘屁股"动作，但其间总会愣神注视水下。这是又要潜水捞草了？很快，陆续有个体潜入水中。不过，几次下潜后，它们并没有衔着水草上来，接着继续在水面上慢悠悠地打量水下，隔一小会儿就再次下潜。终于，其中一只叼着食物浮出了水面，这次的战利品不是水草，而是一条泥鳅。周围的同伴都不再淡定，争相过来抢夺。好在最后它保住了来之不易的战果，吃下这条大泥鳅能顶上好一阵子了。

那天直到傍晚，这一小群鸭子还在忙着——不停地注视水下，伺机下潜捉泥鳅。有时它们只是扎入大半个身子，有时则要全身浸没，身体控制力比我之前想象的要好。虽不及潜鸭、秋沙鸭它们潇洒自如，不过倒也奏效，多次尝试后总能有所收获，享

用着美味的泥鳅。

虽然见证了事实——绿头鸭的确可以主动下潜捉鱼，但我并没有"大案告破"后的喜悦，相反，这次非常平静。也许是经历得多了，对待自然有了另一番心态：我所见的只不过是绿头鸭生活百科丛书中极其微小的一个章节片段而已。就之前提出的关于绿头鸭潜水捕鱼的疑问，单纯"能与不能"的问题似乎已不再是最重要的，而它们在不同的环境下，面对不同的食物，是如何随机应变、选择最为有效的用餐方式的，则这更让我为之着迷，也会成为日后我更关注的方面。

请留意小动作

    鸭子亲水，却不喜欢把自己从里到外都搞得湿乎乎的。别看它们常在水里吃、水里睡，但其羽毛特殊的防水结构足以将水拒之门外，最多只是外层羽毛的边缘被水打湿粘到一起，其余大部分地方都保持干燥。除非生病、健康状况不好的个体，因日常对羽衣的清理和维护做得不够到位，导致羽毛疏水结构改变，遇水才容易湿身。

    尽管鸭子在水中疯狂洗浴时会通过多种姿态洗涮，尽量让自己身体上下左右各部分都和水充分接触，不过洗浴结束后，它便尽快抖掉身上的水珠，然后梳理好羽毛，让其恢复常态。实际上，与水充分接触更多是为了洗掉羽毛表面的污垢，让它保持清洁、便于梳理，以保持羽毛最佳的结构状态，这样才能让羽衣更好地执行塑形、保温、防水等功能，确保良好的生活质量。

    在日常生活中，如果没有梳洗整理的润湿需要，鸭子轻易不会去刻意弄湿羽毛，即使挂上水珠，也会尽快抖掉。而在潜水、

平时，绿头鸭若背上沾水，它会及时
起身振翅将其抖掉。

打斗、追逐这类剧烈运动中，免不了有水浸入羽衣之下，所以每当潜水出来或打斗结束，甚至回合间休息时，鸭子都会起身振翅或抖动全身，好甩掉多余的水滴。

几年前，我于初冬季节外出搜集工作素材，几次从水边经过时，都感觉湖中的绿头鸭有些异样：公鸭们经常频繁站起抖动全身，有时起身后用力振翅。这动作本身并无特殊，所以最初我只是以为水浪弄湿了它们背部，所以要将其抖掉。不过后来发现不太对劲，这也太过频繁了！为了看个究竟，我决定将目光锁定一只公鸭，观察一段时间后再更换目标。结果让我很诧异，水面没有风浪，这只公鸭也没有经历过打斗或潜水，背部很难被弄湿，可它依然隔几分钟就冷不丁起身抖动，接着又恢复到常规状态。不等我更换目标，同一视野里的其他公鸭也都表现出类似行为。是鸭群感染了什么传染病引起瘙痒吗？但母鸭好像并没有明显症状，难不成这病"传男不传女"？因有任务在身，我不便多作停留，不过之后每次路过水边，我都特意扫一眼有没有"病重"个体。

几次观察过后，尚未看到哪只鸭子表现出明显的健康问题，倒是发现除抖身、振翅外，低头用嘴蘸水和压低身子快速环游的行为也同样变得频繁起来。

许多人觉着鸭子整天和水打交道，喝水岂不超级方便——低头张嘴就行了。其实不然。如果真要喝水，鸭子会低下头，尽量减小嘴和水面的夹角，然后张开嘴含一点水，接着仰头呷巴几下，让水流进食道。事实上大多数鸟类饮水时都是这种模式，只有鸠鸽类和一些种类的鹦鹉能够做到"喝水不用抬头"。所以，当看到这些公鸭频繁低头用嘴蘸水的行为时，我明显感觉到这当中另有隐情。因为这根本不是喝水，一来没有仰头动作，二来鸭子喝水不会如此频繁。

至于压低身子绕圈游泳，此前我倒也留意过。这个行为多是在交配后，公鸭回到水中，以此泳姿围绕母鸭游上一圈，而母鸭则在原地前仰后合地涮洗，最后起身抖翅，这是一套完整且非常程式化的行为。而这会儿，它们并没有交配，甚至还都单身。此

饮水动作。

外，在当时，母鸭比公鸭更为频繁地做出此种姿态，这又意欲何为呢？

　　除此之外，公鸭还会频繁地以非常小的幅度快速左右甩头。直觉告诉我，这些"常规"小动作如此密集地上演，说不定会有什么"大事"发生。接着我故技重施，留下来死磕，不信见不到真相。

　　果然，随着公鸭们越发频繁地甩头，其中几只突然身子微微上下起伏，最后以屁股高举的动作亮相结束。过一会儿，它们又来了一轮，不过有的公鸭做出先低下头然后快速将整个身子竖起、同时垂头弓起脖子的姿态。看到这个场景，我倍感亲切：这不是"翘臀舞"和"弓背操"吗，以前曾欣赏过。我对其功能略有了解，这些属于求偶炫耀的舞姿，不过派对中的其他那些小动作，我此前确实未有留意。舞蹈时，公鸭的叫声也发生了改变，不再是平时沙哑的"嘎——嘎"，而是一声清脆的哨音。这之后，我对它们的小动作更加留意，边增加观察边开始查阅资料，想搞得更明白些。

结果有遗憾，有庆幸。遗憾的是我并没能在中文资料中找到充足的内容，这让我不得不去挑战自己的弱项——查阅英文资料；庆幸的是几年下来，通过观察我基本看懂了鸭子们的套路，并在一些英文资料中找到了对应的介绍。

每年，绿头鸭的求偶派对从秋末就开始上演，入冬后逐步达到高峰。除了之前提到的翘臀舞、弓背操，还有一种特色鲜明

2

派对炫耀现场
（母鸭并未领情，还在忙着觅食）。

1 — 挤元宝。

2 — 弓背操。

3 — 翘臀舞。

1

2

3

的动作——挤元宝。公鸭会同时向上翘起屁股和头颈，躯干被挤短，翅膀微微上扬露出翼镜，头略歪向母鸭一侧。整个派对活动中，这三组动作从形式上看最为夸张隆重，而此外像用嘴蘸水、抖身、甩头、起身振翅等动作也有表现自己、吸引异性注意的成分，不过看起来没有这几种舞姿招摇。而母鸭时不时地来一次压低身子的"战舰泳姿"，更多是扮演着加油鼓劲的角色，告诉公鸭"我来检查了"，"抓紧表演，别懈怠"……这些表演在每天清晨和傍晚金色阳光斜洒湖面时比较频繁集中，其余时段则较为少见。若赶上大风降温的日子，鸭子们的热情会被寒风带走，有时它们刚有些躁动，一阵西北风吹来，瞬间集体哑火。

每年岁末，随着一对对"有情鸭终成眷属"，派对的规模会逐步缩小。家庭间的争斗比例转而开始升高。入春后，鸭群逐步解体。虽然在北京一年四季都有绿头鸭生活，但由于没有个体标记，我无法确认是否有留居的。在我常观察的湖区，情况亦是如此。

3月初，一些在北京繁殖的绿头鸭个体已开始筑巢孵蛋，尚未组对的个体依然会不时地开展派对，不过规模已无法和冬季里的相提并论。倒是会有因老婆孵蛋带娃而解放出来的公鸭，偶尔也会加入到这个队伍中来。这种状态会星星点点地一直持续到5月末，甚至6月初。之后，公鸭的婚期彻底结束，转而进入休息调整期，开始换上斑驳的非繁殖羽并将飞羽一次性脱落（也称为"甩翅"）。要想再看到它们的热舞表演，就得等到秋末了。

夜生活

　　最初观察到绿头鸭在天黑后的活动，完全是个意外。在那之前，虽然观鸟许久，但我都是循着比较常规的节奏——日出而作，日落而息。而在冬季观察水鸟时，因为水边湿冷，我也更多选择在太阳出来一段时间后才开始行动。

　　意外，源于一次在湿地等待大麻鳽的过程。因为这种鸟主要在夜间活动，所以要想观察它的自然行为，我不得不从下午就在水边等待，一直守到天黑，并继续坚持一段时间（由于我还不确定大麻鳽在夜晚对人和灯光的反应程度，所以没选择天黑到达并用手电扫描寻找的方式，而是提前抵达它常出现的区域，然后定点守候，等它傍晚出来活动时再借助月光和昏暗的路灯灯光进行观察）。

　　那天傍晚，随着一群群从郊区赶回城里过夜的小嘴乌鸦在空中飞过，公园里绝大部分鸟陆续结束了一天的活动。很快，天几乎全黑下来，岸边树林里一片寂静。不过，这份宁静持续了不到

夜晚，绿头鸭依然活跃。

夜幕下，两只半大的鸭子还在积极地觅食。

10 分钟，天空中就又热闹起来，开始有大群鸟吵嚷着飞过。虽然我看不清它们的准确位置和外形，不过凭借叫声和振翅声判断，是绿头鸭没错。

根据声音的运动轨迹，我估摸着这些绿头鸭是从附近白天有许多鸭子休息的那个大湖区飞来的，很好奇大晚上的它们要干吗去。声音掠过我头顶上空后，开始迂回环绕，一圈圈降低，最后从周围的湿地中传来"扑通、扑通"的落水声。紧跟着，又陆陆续续有好几拨绿头鸭于附近降落。这里是一大片芦苇地，但有九成的芦苇在一入冬就被割掉了，湿地中有水泵一直在工作，所以许多地方是约一尺深的不冻水体，倒是符合绿头鸭最爱的觅食环境特点。

虽然我用肉眼很难看清这些鸭子的具体位置，不过通过声音判断，它们距我不会太远，也就 30 米左右。我不敢打开手电，也顾不上关注大麻鳽是否已出行，只希望在尽可能不打扰这些鸭子的前提下，争取搞明白它们于天黑后飞到这里是来做些什么。

仔细听，鸭群中嘈杂的"问候声"和"斗嘴声"逐渐减弱，取而代之的是吧唧嘴（这是绿头鸭非常喜欢的觅食方式，用嘴在水面吧唧，然后水顺着嘴角流出，食物则进入口中）的声音，看来它们开始觅食了。我静静地站在原地倾听，鸭们非常投入，"啪啦啪啦"的滤食声不绝于耳。的确，这里的水位深浅合适，水中有大量的无脊椎动物，底泥中还有许多水生植物的冬芽、膨

大的根茎之类，这些都是绿头鸭的最爱。

那一晚，我没等来大麻鳽，因为被绿头鸭"调虎离山"，精力都集中在了它们身上。不过，这次经历倒是多少解答了些我此前的一个疑问：冬天观鸟时，经常能在公园冰面上看到成群的绿头鸭，它们大部分时间都在休息，只是偶尔觅食，难道不饿吗？就算这些野鸭比家鸭体型袖珍、饭量小点吧（在老家乡下有"仨鸭子顶头猪"的说法，意思是鸭子饭量特大，三只鸭子一天的食量和一头猪的相当。我个人在养鸭过程中确实深有体会，虽说比猪还是有些差距，但就其个体大小来说，那饭量确实惊人。一天下来，三只家鸭吃下一脸盆食物并不算夸张），可也不至于整天睡过头忘了饿吧！更何况整个湖面大部分区域封冻，也没什么可吃的。原来它们是有夜宵吃啊！过去，我曾认为鸭子到了晚上会像麻雀那样"夜盲"而不便活动，如此看来，或许它们的夜视能力还不错，至少不影响正常的飞行和觅食。

发现自己对绿头鸭的认知存在时间盲区后，我调整了观察方式，于每日的早晚两端加大投入。随后发现，果然黄昏后才是它们的觅食高峰。每天傍晚临近太阳落山，鸭群就开始有些躁动，随着夜幕降临，冰面上的鸭子们便三五组群，陆续升空。黑暗中我的视力严重受限，所以很难知晓它们飞往何处，只能确认有些会就近落到周围有不冻水面的湿地，有些则继续向更远的地方行进，至于要飞到哪里我就不得而知了。

知道了鸭子们有吃夜宵的习惯后，其他问题又随之而来——这顿饭要吃多久？它们又是在什么时候开始返回白天休息地的呢？很遗憾，没有个体标记，没有无线电追踪设备，没有夜视仪……这几个问题我都无力探察。

我曾尝试过几次在天亮前尽可能早地抵达公园湖边，很可惜，得到的结果毫无规律可言。有时，我到了挺长时间，冰面上仍旧空荡荡的，随着太阳升起才陆续有鸭子飞来；有时，我到时就已经有少量鸭子在冰上大睡起来。也许，它们在清晨时分的活动就是不如傍晚时那么有规律，但也可能有其他因素左右着它们返回的流程。总之，在专业设备投入之前，我只靠肉眼观察几乎是不可能揭开其中的真相了。

睡觉睁只眼？

几年前，我看到网传"鸭子睡觉睁一只眼闭一只眼"的消息，马上有两个反应：合理，但又似乎和我个人经历过的情况并不十分吻合。一来，这个信息乍一听没什么违和感，甚至可以说挺合理——鸭子不是顶级捕食者，而是诸多食肉动物的晚餐，生活中自然要保持小心谨慎。更何况半脑休息的能力在动物中也并非多么罕见，睡觉时睁只眼不足为奇。但稍加仔细琢磨，又感觉似乎哪里不太对劲。思来想去，终于回忆起来：中学养鸭子那会儿，由于太过喜爱，它们睡觉时我也经常守在边上端详，并没印象看到鸭子睡觉时会睁一只眼，反倒是双目紧闭，甚至歪头睡"昏"过去的情况时有发生。

我又在脑海里反复回放了几遍观察野生绿头鸭时看到的情况，不过很难找到答案，因为我基本不可能像观察家鸭那样在近距离找到合适的角度，以保证能同时看到长在脑袋两侧的两只眼睛。不过有一点倒是可以肯定——野生绿头鸭确实警惕性非常高。睡觉时，起码在我视野范围内能看到的那只眼睛不会长时间闭合，通常闭上三五秒钟就会睁开，看看周围的情况，没问题再合上，过几秒钟又睁开。至于另一侧的那只眼睛处于什么状态，我就很难知晓了。

在我的认知中，同一个物种的野生个体和驯化的家禽家畜，比如野狼和狗、野生鸿雁和家鹅之类，在行为上有些差异是很容易理解的事儿。毕竟生活环境不同了，养尊处优后行为习惯有些改变也正常，谁还没个"什么条件办什么事儿"的情况啊！只要"鸭子睡觉睁一只眼闭一只眼"这结论有正经的研究出处，研究方法和结论没有明显的科学逻辑问题就是了。之后，我也就没再多关注这一话题。

没想到2019年初夏，此信息又在网络上掀起一股新的传播热潮。在线上线下的流传过程中，"会""可以""是"等词争相登场，让我感觉问题内容的性质似乎有些变味。终于，开始陆续有朋友问我："鸭子睡觉是不是要睁一只眼闭一只眼？"而这次我的心态也有所改变，面对语气如此肯定的描述，觉得有必要较真儿一下，得去现场想方设法仔细看个究竟。

当然，我并不是单纯一时头脑发热来了兴头。之所以这次决定"亲测"，还是有一定客观基础的——在我长期观测的一个公园中，有十几对绿头鸭繁殖，夏天鸭妈妈偶尔会带着孩子们在岸边休息，这正是观察它们睡觉的大好机会。而平时它们没有孩子"拖累"时，更多是在湖心岛上休息，距离远、常有遮挡不说，我也不方便随时调整观察角度。

　　说干就干！

　　也该着我运气好，刚下决定，首次观察就巧遇绿头鸭一家七口游到我身边。鸭妈妈带着六个半大孩子，上岸梳理一番后，陆续卧下开始午休。此时下午一点多，正是一天中最热的时段，不过这倒也好，几乎没有游人干扰，我可以"尽情操作"。

　　几只半大鸭子辗转片刻，接连进入梦乡，而鸭妈妈依然保持挺胸抬头的放哨姿态站立着。不过，我能感觉得到，它也困意十足。果不其然，很快它见周围环境没什么安全隐患，便扭头将嘴插入翅下，眯缝起眼睛来。

　　时机已到，开始行动！我先坐在原地转头环顾四周，看看这些鸭子眼睛的状态。鸭宝们横七竖八地卧在草地上，有的侧面冲我,有的恰好正脸相对,让我能同时看到它的两只眼睛。此时,天气相当炎热,连喜鹊、麻雀这样嘈杂的家伙也都乘凉歇着去了,除了岸边柳树上的阵阵蝉鸣,几乎听不到其他声响。鸭子一家越睡越踏实,越睡越放松。鸭宝们由最初隔几秒钟睁下眼,慢慢将时间间隔拉长到十几秒钟,最后很长时间都紧闭着。我无法确定侧面冲我的个体其另一侧眼睛的状态,不过正对着我的那只可以看个清清楚楚、明明白白——最初它让一只眼留守值班,另一只眼休息,不过很快就彻底让两只眼睛一齐下班了。

鸭妈妈会不会有所不同?毕竟它肩负着给孩子们放哨的任务。此时,它侧面朝我,冲我这侧的眼睛隔几秒钟就会睁开一次,要想同时看到另一只眼,我必须挪到它的正面。怎样移动才能确保没有干扰到它休息呢?这似乎是个很难判断的事情。我蹲下身子,先侧伸出一条腿,大小鸭子都没什么明显反应。接着,我身体横移,重心转移到迈出去的这条腿上。移动过程中,我的眼睛一直盯着鸭子们的反应,如果有动静立刻停止。还好,鸭妈妈睁眼看了看,然后又合上了眼。见鸭子一家很是配合,我又大胆了些,收起拖后的那条腿,然后重复着之前的全套动作,整个身子一点点向鸭妈妈正面挪动。三次横移后,我的身体已到位,接着静观。此时,鸭妈妈还真的是睁一只眼闭一只眼,不过闭着的那只眼也没闲着,隔几秒钟就睁开一下,而执勤的那只眼睛则始终没眨过一下。

从这个角度观望，我只要稍稍转动头部，就能和另外两个鸭宝宝正脸相对。它俩都是双眼紧闭的状态，偶尔睁开一只眼观望下。鸭子一家睡得香，我似乎也被传染了，倦意渐起。但我不能合眼，因为还得时刻盯着它们在睡觉不同阶段中眼睛状态的变化。

再看鸭妈妈，虽然它浑身都散发着浓浓的睡意，但还在强撑着让一只眼睛保持睁开状态。不过很快，这只眼就有点不听使唤了，眼睑慢慢地关上，就在即将完全闭合时，它又努努力让这只眼睁大了些。就这样一次次地重复着眼皮的拉锯战，真是像极了打瞌睡的我们。不过最后，它还是没顶住，合上双眼小睡了一会儿。虽然只是一小会儿，也就十来秒钟，不过当眼睛再次睁开时，它的战斗力焕然一新，又能精神抖擞地坚持睁着一只眼睛执

1 - ①

1 - ②

1 - ③

1 绿头鸭青少年已备有戒心，刚入睡时会睁一只眼警戒。不过有妈妈护守，它们很快就合上双眼进入梦乡了。

2 涉世之初的雏鸭，睡起来好像丝毫没有戒备心，累了就趴在地上，紧闭双眼歪头便睡。

勤放哨了。

此时已近7月，本属于绿头鸭繁殖孵化的尾声，没想到一周后好运再次降临，又有一位鸭妈妈带着三个刚出壳一两天的宝宝登场了。这一家四口也极为赏脸，游到我身边，走上了堤岸。小鸭子们好像非常疲倦，匆匆梳理几下，身上的绒羽还没有完全弄干就卧下休息了。鸭妈妈不敢懈怠，一直在边上站岗。不过它对我几乎完全没有戒心，这也让我得以在超近距离（约1米）内端详雏鸭的睡态。

在这触手可及的距离内盯着几只小鸭子看，不禁让我有种时空穿越的感觉——仿佛它们不是野生的绿头鸭，而是我养的家鸭。我留意了下三个小家伙的眼睛，没有像之前看过的半大鸭子

那样，先睁只眼维持一小会儿警惕才闭上双眼休息，而是一开始就直接合拢双眼，瞬间秒睡。

此后，我又留意了下其他几个鸭子家庭中各位成员的睡觉状态，这些雏鸭年龄不同，有的个把月大，有的即将两月龄，不过身形已和鸭妈妈一般大小。结果和我推测的情况相当吻合，年龄越小的个体警惕性相对越差，更容易直接合拢双眼入睡。随着年龄增长，"心眼儿"多了，睡觉时便容易留着一只眼值班。不过总体来说，在妈妈的守护下，它们还是很快就能双眼紧闭进入"深度睡眠"。而对于成年绿头鸭来说，睡觉时的确经常睁一只眼闭一只眼，不过能睁一只眼睡觉并不代表这是最舒适的状态，有时困得不行了一样会闭上双眼。

有了这些亲身经历，我感觉心里踏实多了，起码眼见为实。出于对真相的较真儿，我又扩大了对相关内容网文的搜索范围。果然，在较为正式的媒体平台上，内容信息并没有那么"玄乎"，而且有的文章也会提到另一些研究结果：当鸭群扎堆休息时，位于外围的个体执勤任务比较艰巨，"单眼休息"的情况更多一些，而且它们隔段时间还会"换岗"。这样的阐述就容易理解多了。

在自然观察中
保持本真

自然观察有多种类型，每个人都有自己的本真，没有必要去跟风。能和自我本真形成共振的观察方式，就是正确的，能让自己感到最为舒适。时刻自省，追求本真。

回想当初，我因与鸭结缘而入鸟圈，1997 年正式挎着望远镜骑车到郊外，开启了观鸟之旅。那会儿，我在水田见到一只黑翅长脚鹬都能激动半天，看到数百只红嘴鸥在鱼塘上空盘旋，简直会让我感觉置身仙境。毕竟此前我只见过喜鹊、麻雀，或者说只认得出这两种鸟。

虽然我自小就是很稳当的性格，能在一个暑假里每天上午去观察别人家的鸭子也不腻烦，但当我真正走进广阔的自然天地，眼前飞羽部落的"花花世界"着实让我无法矜持，心思很难专一。每次出行我都想走得再远点，这样就能多见几种鸟。

大学期间，校园地处郊区，被农田乡村环绕，这让我如鱼得水，有空就骑车出去观鸟。随着记录本上鸟种名字的增加，我变得越发难以满足。就连董鸡、普通秧鸡、小田鸡这类被认为不那么容易见到真身的水鸟，在我的观察区里都属于稳定可见，看过几次后也就没有了当初首见时收获新种的兴奋。

慢慢地，我的活动半径逐渐接近自身交通能力的极限，很难再去更远的地方寻求"加新"的刺激。尽管如此，只要一有空我依然还会外出溜达。虽然每次都是重复老路，也鲜有目击新种（即首次看到的鸟种）的增加，但好像出去走一走老路、看一看老朋友们依然能让我感到舒适。即便走在校园里我也会随时侧目观望路边的麻雀、斑鸠。我不禁开始思索：到底为什么要观鸟，是去赴会个人新种的召唤？还是与老友相聚？抑或就是单纯愿意身处自然环境中，欣赏自然的生灵？

思来想去，我觉着多种原因都有，但可以明确的是，对于我个人来说，"目击新种"可以排到愿望清单的最后。"加新"给我带来的兴奋更多是瞬间感受，而植入我内心深处、令我最为愉悦的需求远比这个简单得多，它仅仅就是单纯的喜欢——不关乎物种稀有度，只要我喜欢的，看着就开心、就过瘾（这可能也跟我画画的经历有关，画画中的观察就是那种"看不够"的类型，需要反复观察、推敲、感受）。这才是我个人观鸟的本初欲求，应该重新找回这种感觉。

心结打开了，我也就不再追求走得更远、看得更多，而是安心待在附近。接着，我自己做了简易帐篷，到学校周围的农田湿地定点扎营观察、拍摄。

读研后，我一下子被"发配"到海南山里七个多月。那会儿我住林场的房子，前后不见村落，真是过上了"山中无甲子，岁月不知年"的日子。最初，每天出门都有新鸟种"入账"，这再次燃起我"加新"的欲望。可慢慢地，热度就降了下来，似乎又把观鸟初期的心态经历快速重演了一遍。一些令外来观鸟者看一眼就心满意足的鸟种，在我的日常生活里变成了天天见（听）的邻居。短暂的兴奋过后，我便完全不把它们当大明星来看了，就是些老朋友而已，成了生活中的一部分——平时经常见，不见会想念。

后来，我就变成了看什么都不兴奋、又看什么都兴奋的状态，一直到现在。

我感觉这样挺好，回归我自己的本真。我可以不用远足，在身边就能收获足够多的快乐，我可以更加冷静地制订并执行不同阶段的观察计划。就算一辈子守着一个公园湿地，"深挖"池塘中的那一群能长相守的绿头鸭，对我来说，也便足矣。

自然观察有多种类型，每个人都有自己的本真，找到两者达到共振的重合点，就是正确的，就是让自己最舒服的。其实，做什么事又何尝不是如此呢？能明确自身真正的需求，是最重要的，也是最幸福的。

松鼠—山鼠—
花栗棒子—花鼠

　　我真正开始关注小型哺乳动物，要归功于一对小松鼠的引导。在那之前，我和多数人一样，兴趣焦点都集中于狮子、老虎之类的猛兽，或斑马、长颈鹿这样的《动物世界》"影视明星"身上，而对于兔子、刺猬、松鼠这类小萌物，虽也觉得可爱，但终究认为它们太小、不过瘾，也就没有去深入了解。

　　话说初二下学期期末，我彻底终结了自己当年的养鸭大业（养的六只雏鸭因传染病全军覆没）。眼看暑期将至，我又借着期末考试的机会跟家里做"赌"，用比较理想的成绩赢得养小动物的机会。目标几经变更，最后锁定为一对松鼠。成绩一公布，我便迫不及待地跑去宠物市场"考察"，还真有卖松鼠的！

　　不过，这松鼠给我的感觉和以往认知不太一样，它确实具有松鼠那种特有的灵气和俏皮，就是尾巴还不够级别。虽然整条尾巴也毛茸茸的，但不够蓬松，没有长毛刷的感觉。特别是吃东西时，这条尾巴总是平摊在地面，而不会像动画片中的松鼠那样将

大尾巴翘起背在身后。

我：这是松鼠吗？

摊主：对，松鼠，不是松鼠是嘛（mà）？

我：还长个儿吗？

摊主：不长了，就这么大个儿了！

我：这个尾巴还能再大点儿吗？

摊主：能！尾巴能大！

听到这话，我心里宽慰多了。不管怎么说，梦想实现，我拥有了两只小松鼠。

家中新来的这两位客人也勾起了街坊四邻的好奇心，隔三岔五就有大人小孩来参观并高谈阔论一番。

"介松鼠怎么尾巴这么小呢？"

"介叫山鼠，不是松鼠。"

"嘛？介就是松鼠，还得长呢，长长尾巴就大了。"

"大了以后身上介条纹就没了。"

······

在那个没有网络、信息封闭而我自己又一无所知的年代，我实在是被他们这些五花八门的说法给搞蒙了。一个多月后，这两只松鼠几乎没长大一丁点儿，身上的条纹也依然如旧，我更加困在动物分类中，花鼠属于松鼠科花鼠属，是种半树栖的小型松鼠，主要在地面打洞营巢。它们模样伶俐乖巧，是诸多松鼠卡通形象的原型之一，也是带我了解松鼠世界的重要启蒙老师。

惑了，难道它俩就保持这个造型一辈子了？如果它们不是松鼠，那我就不想养了，要换个真正的松鼠来。虽然这听起来有些"以名取鼠"，但当时我真的是更加看重"松鼠"这个身份认证。

眼看暑假即将结束，我有点着急了，想赶紧给它俩验明身份。所幸，临近开学之际，机会来了，我搭车跟随老妈单位同事去山区一日游。因此前在房山景区曾见过有山民售卖松鼠（当时见到的笼子里的松鼠是棕黄色的，在吃东西时会将尾巴背在身后，很符合我对松鼠的常规认知），所以这次留了私心，若看到有卖和我养的一模一样的，一定瞅仔细、问清楚。在那会儿，我觉着山民比城里人见多识广，他们说的话更可信。当然，若证实它俩并非松鼠，而正巧又有卖"真松鼠"的，那我就先下手为强，买了再说。

那次旅行非常幸运，刚到景区门口就听见路边人堆里传出"松鼠、松鼠"的喊声。我顿时来了兴致，从人群空隙间钻进去。只见地上放着三个笼子，有两个里头装着几只松鼠，跟我养的完全不同——体型能大上一倍，毛色灰，尾巴很粗、蓬蓬的。人一凑到跟前，它们就显得格外紧张，翘起尾巴遮住身体。而另一个笼子里单独装着一只，和我养的一模一样。我问了摊主，他非常肯定地说："两种都是松鼠，小的叫花栗棒子，大的叫扫帚毛子。"

要说这扫帚毛子虽然身形姿态和我印象里的松鼠更像，但浑身灰扑扑的，个头有点大，少了些灵气，特别是小尖嘴看起来还有点贼头鼠脑。反倒是这花栗棒子，尽管尾巴细点，不过身体是棕红色的，点缀着几条深色纵纹还显得很俏皮，活脱脱小精灵气质，反倒更招人喜欢。既然都是松鼠，那我也死心了，别费劲折腾，干脆回家踏踏实实继续养着吧！

至此，两个小家伙的身份经历了"松鼠—山鼠—花栗棒子"的变更，但仍没抵达"终点"。开学后，我在学校图书馆的一本科普书中看到"花栗鼠"一名，再对照文中的内容、插图，和我养的一般无二，"花栗鼠"和"花栗棒子"两名字又高度重合，看来就是同一种。此名出现在书本上，让当时的我认为它的权威性不容置疑，看来就是这种松鼠的"大名"了！

我本以为悬案告终，哪成想四年后案情又有起伏。进了大学，图书馆里动物学的书籍资料真是浩如烟海，特别是一些啮齿类的专著勾起我极大兴趣。在这些书中，每个物种都有大小、形态、习性和分布的明确介绍。综合比对后我发现：管这种松鼠叫"花栗鼠"也并不太准确，一来它不是个中文正式名，二来这个俗名多是指代北美洲的东部花栗鼠；而这种土著的小型松鼠，有个更简单的名字——"花鼠"。在其别名一项中，赫然写着"花栗棒子"四个字，这下确认无误了。

寻找"真松鼠"

大学的图书馆为我打开了新世界，也让我在"松鼠坑"里越陷越深。很快，我不但摸清了"花栗棒子"的底细，也把当初在景区看到售卖的"扫帚毛子"的身份基本对上了号，原来它"大名"叫岩松鼠。此外，它还有个俗名叫"石耗子"，真是太贴切了，把它那贼头鼠脑的气质刻画得淋漓尽致。看来岩松鼠不是我的菜，倒是书里照片中另一种造型的松鼠勾起我极大兴趣。这松鼠尾巴超大，吃东西时会将尾巴高高翘起背在身后，耳朵上长着长毛像把小蒲扇。它和动画片中的松鼠形象非常相似，不过毛色不红，而是背部深灰，头、尾近乎黑色，仅肚皮雪白。再看其名字——灰鼠，难道不是松鼠？仔细阅读文字介绍方知，此物又名"北松鼠"，归于松鼠科松鼠属。如此看来，既然分类上属于松鼠科花鼠属的花鼠都能被称为松鼠，那这灰鼠岂不就是更"正宗"的松鼠了？

很难想象这种形态如此乖巧伶俐的松鼠，竟起了个土得掉

渣的名字，也太不文艺了，实在让我难以接受。这还没完，它的俗名里还有个"灰狗子"，这也有点过于接地气了吧，真是没有最差只有更差。不过它的英文名字倒是十分洋气华丽，叫"Eurasian Red Squirrel"，直译过来就是"欧亚红松鼠"（此名在后来的一些书籍中被应用得相对更多一些）。根据描述，它们遍布欧亚大陆北部，在我国主要分布于东北、华北北部和新疆北部。而毛色方面，在欧洲红色个体比例多一些，到了东亚则是黑色成为主流。看来，有点类似亚洲人黑头发、欧洲人金发的"惯欧亚红松鼠是动画片中松鼠形象的另一个重要原型，不过在亚洲东部，它们的毛色通常偏棕甚至黑灰，而不似动画片中的那么火红（分布于欧洲的亚种，毛色偏红的比例较高）。

例"。我琢磨着北京地处华北北部，按资料所写内容来看应该是能有分布。于是乎，寻找这种松鼠便成了我的新目标。

不多日，有同学去西山秋游回来，跟我绘声绘色地说起他见到了松鼠。我顿时心中大喜，赶忙追问具体情况。要知道，当时我可还从未见过野生的松鼠。我拿着花鼠的照片跟他核实，得到的答复很明确——不是，比这个的尾巴大，身上也没有条纹。再给他翻到岩松鼠看，他有些模棱两可，说感觉有点像，但比这个可爱多了。比花鼠大、没有条纹，又比岩松鼠可爱，在这里可能有分布的松鼠中符合这两个条件的……莫非他看到的是欧亚红松鼠？

当我继续追问时，他又含糊起来，说不记得看到那只松鼠有这么长的"耳朵"。不过当时是 9 月末，而书中介绍说欧亚红松鼠冬季耳朵上才有长毛，于是我便根据个人的意愿自打圆场——默认他看到的就是了，只是还没进入冬季，自然没那么长的耳毛。想到这里，我更是有些迫不及待，想赶紧去山里见到这种松鼠。

大学校园地处北京西郊（马连洼地区），挨着西山，我得以近水楼台，有空便去山上和附近的园林（颐和园）中寻找欧亚红松鼠，想尽早与"梦中情人"相遇。一年过去了，松鼠倒是真见了几次，有两种：一种是花鼠，另一种是"无名氏"。花鼠自然不必再详述了，而这无名氏则有些特别。在西山，它们比花鼠更为常见，个头更大，尾巴更粗。它们没有长耳毛，身上的毛有点类似猕猴桃的颜色，这两点和书中照片里的岩松鼠比较像，但又比它胖乎可爱。每次见到它们时，基本都是在岩石和乔灌杂木比较混杂的地方。有时突然相遇，它便哧溜钻到石头缝隙中，偶尔爬上树躲避也会很快就下来。

这问题如果搁现在，解决起来再容易不过了——随便拍张照片，发到贴吧、微博之类，答案估计秒回。但当时没有这么发达的网络平台，甚至都没几个人上过网，我也没有数码相机这么方便的记录设备，只能每次用望远镜端详后，记下外形特征，回来再到图书馆翻阅资料进行核查比对。这次研究眼圈，下次研究耳朵……直到最后把整个松鼠全身的特征都对上号。所幸，我有速写的功底，借助现场画下的一些特征，没用几次便把它的全身特征扫描完毕。虽然我很不情愿，但必须接受现实：这松鼠确确实实还是岩松鼠。此前，在现场目击和书中照片的视觉感受差异主要源自它的头部形状——岩松鼠有颊囊，整天都忙个不停地搜集、储存食物，所以平时看到时经常两个腮帮子鼓鼓的，面相超萌，而书中的照片是两颊空空的状态，显得嘴尖脸窄，气质奸猾（当初看到售卖的那几只也是如此状态）。此外，自然状态下，它们蹦跳起来，身体看上去十分有弹性，这也会增加视觉上的亲切感。所以，在自然状态下看到岩松鼠时，会有种"比照片里好看"的感受。

就这样，一连两年，我始终未见欧亚红松鼠的身影。在周边山区看到的松鼠仍只有花鼠和岩松鼠，另外再加上远郊山里的一

1 ～

2 ～

3 ～

1 - 和欧亚红松鼠相比,岩松鼠的可爱度略逊,也不怎么上树活动,但它却是我国的特有物种,也是北京土著的松鼠种类。

2 - 岩松鼠有颊囊。搜集食物时,颊囊有储物袋的作用,大大提高了运输效率,还能为可爱度加分不少。

3 - 花鼠也有颊囊,觅食过程中经常两个腮帮子鼓鼓的,这让本就古灵精怪的它显得更加惹人喜爱。

种——隐纹花松鼠。那是在 2000 年秋天，我为了寻找欧亚红松鼠，去了雾灵山。看资料上记载，这里有欧亚红松鼠的华北亚种分布，还有另一种小型松鼠——比花鼠还小的隐纹花松鼠。别看它个头小，却不冬眠，耳朵上一年四季都长有白色的毛簇，十分可爱。隐纹花松鼠生活在树上，较少下到地面，雾灵山所在的河北兴隆地区也是它们最北的分布地。此行我见到了数量不少的花鼠和岩松鼠，也收获了同样心仪已久的隐纹花松鼠，但欧亚红松鼠依然是谜一般的存在。我心有不甘，返京后又多方寻找渠道跟

隐纹花松鼠和花鼠有点像，不过通过耳朵上的那撮白毛很容易将二者区分。它们不像花鼠那样爱住地洞，而是纯正的树栖松鼠，冬季照常活动（花鼠会冬眠）。

当地保护区的科研人员取得联系，咨询后得知：虽然老资料上有记录，但实际上那里已很多很多年没见过欧亚红松鼠的影子了。或许这里曾经的种群也随着山林的砍伐与狩猎而逐渐消失了。至此，我基本死了心。琢磨着如果以后实在想看，那干脆直接去它们的东北老家那里欣赏吧。而在北京这儿，我就踏踏实实地跟花鼠和岩松鼠交朋友了。

时光荏苒，我怎么也想不到，就在我决定"放弃"欧亚红松鼠的四年之后，它们竟然"重回故里"了。

读研期间，我和西山阔别了三年，而当我再次进山时，这里的松鼠社会已经发生了变化：岩松鼠持续稳定，花鼠悄然淡出舞台，还搬来了新住户——欧亚红松鼠。不单西山，连市区的一些园林中，欧亚红松鼠的身影也变得多了起来。甚至后来，有一篇发表在专业期刊上的短讯，声称"北松鼠华北亚种重现北京"。其实，在北京重现欧亚红松鼠这个问题上，我一直不看好"扩散说"。因为从现实情况来看，整个事态并没有渐进性——此前周围山区都没有发现记录，怎么就突然有大规模群体迁来？而且还有一部分队员继续深入、直奔市区，并在这里扎根住下了。另外，市区的各个出现点彼此相隔，更是与山区两不相挨，松鼠又不是会飞的鸟，可以跨越钢筋水泥的城市阻隔。与此同时，在那几年，放生活动的规模正悄然扩大，放生动物的种类也愈发多样化，从鱼子到北极狐"应有尽有"，而从东北运来几车皮松鼠在各地山林放生的情况屡见不鲜。另外，一些景区为了招揽游客，也会从东北购入欧亚红松鼠放进大笼子散养甚至直接放到户外散养，这些都为欧亚红松鼠的"长距离搬迁"提供了帮助。而此前植树造林活动中大量种植了松柏，这些小苗经过三四十年的生长已小有规模，正好为偏好针叶树的欧亚红松鼠提供了定居的环境和食物来源。

现如今，不只北京，甚至连南方一些地区都有大量欧亚红松鼠定居繁衍。这当中也有一部分要"归功"于逃逸或被主人遗弃的宠物松鼠。欧亚红松鼠的族群规模在非土著产地兴旺起来，这事究竟是福是祸并不太好做评估。不过我个人倒是觉着，从另一个角度考虑，在华北北部地区，它们的到来也许未必完全是个坏事。毕竟，百余年前，它们的祖先就曾在这里生活。现如今，这些欧亚红松鼠早已适应了当地的生活，和其他动物形成了稳定的群落，还有豹猫、苍鹰、黄鼬这些天敌对它们进行制约调控，可能从某种角度上说，也算是一种变相的"再引入"吧。

从 2006 年至今，欧亚红松鼠也成了我观察的主角，后文中的相关内容都是围绕此种所写。为了防止名字过于啰嗦冗长，就干脆简称其为"松鼠"吧。

牙口、技巧与恒心

　　鼠类爱嗑东西的习惯几乎众人皆知，要不也不会给它们冠以"啮齿目"封号。的确，以前我住平房时，家里的木头门窗、衣柜之类没少被老鼠啃。上大学后，宿舍门也被大家鼠咬出个窟窿，室友用雨伞堵住这缺口，试图封住它们进入宿舍的通道。结果，第二天一早发现雨伞变成了拖把——伞布全被老鼠撕成了碎条。所以，我丝毫不怀疑鼠类牙齿的威力和嗑咬的决心。

　　想来，松鼠作为啮齿目的成员，"嘴上功夫"自然也不会弱。不过讲老实话，很长一段时间里，我都只是听说松鼠爱吃松子、核桃之类的坚果，因为缺少实践观察的机会，其实并没真正搞懂松鼠是如何对付坚果的。虽然小时候养过花鼠，但我受卖家"毒害"较深，以至于一直用玉米给它们当主粮。冬季，我还特意去鸽市买了老玉米粒儿，回来用水泡软了再喂，生怕把它们的牙硌坏。当然，那个年月家里穷，人都舍不得吃坚果，我自然也不敢要钱买松子来喂花鼠，所以也就始终无法见证它们咬开坚果的过程了。

估摸着像我这样的人可能并不算少数。我和周围养过松鼠的人交流，发现许多都有过类似"泡玉米粒喂松鼠"这样的多管闲事之举。还有不少主人，觉着松鼠这种圆头小嘴的萌物可不像尖嘴龅牙的老鼠，它们哪有能耐对付坚果的硬壳啊！于是将核桃、榛子之类一个个砸开喂给它们……

随着年龄增长，我思考问题变得更理性了些。后来再养松鼠时，就懒得替它操心了，转而尝试着主动给它完整的松子、榛子或核桃之类，想看看它能否打开，又会如何操作。我本以为会听到松鼠牙齿咬开硬壳时清脆的声响，谁知这些食物递送过去后，先是片刻沉寂，然后就爆发出并不响亮但却持久的"咔咔"声，贴近了听甚至有些神似装修的噪音。

先前给松鼠喂瓜子时，我看它手捧瓜子，用牙"咔吧"一下就扯开了瓜子外皮，无论声音还是速度都和我们嗑瓜子颇为相似。而在看松鼠处理这些"真正的坚果"时，已经完全没了我脑子里对"嗑"这一行为的常规认知，感觉说"磨开"要比"嗑开"更为形象贴切。

无论对付哪种"硬核"坚果，松鼠一上来都是边嗅闻边用手（我习惯称松鼠的前足为手）捧着坚果不断翻转以寻找突破口，有时还会用牙触碰试探。在这个过程中，经验起着至关重要的作用，聪明的个体能很快辨清壳中是否有料，然后找到最为恰当的切入点再开工啃咬。笨点的做事效率就要低一些，经常盲目下口导致浪费不少精力，有时还会吭哧半天白忙活一通，开壳后才发现里面是坏仁甚至是空的。一旦找准起点，接下来就是考验毅力的时候了。松鼠的下颌会快速地运动，下门齿不停地在硬壳上钻磨，直到把这一位置的壳磨薄、磨穿，然后用牙当撬棍尝试着从这个点用力开壳。如果不行，便继续扩大磨的范围，直到可以撬开壳为止。这种开壳方式与其说靠咬力，倒不如说是靠着牙的硬度和毅力在持久战中拖垮了硬壳的防守。

松鼠咬开松子通常只需三五秒便结束战斗；嗑榛子时间较长，有时需要十几秒；而对付核桃的过程比较慢，有时简直就是一场拉锯战，场面十分夸张。从树上摘下青皮核桃后，它会先快速咬掉外层的青皮，接着才进入正题——将核桃在手中不停旋转，找破绽。接着从这个起点开始，用牙一路向前开道。当然，这个过程说起来就几个字，而经历的时间有时会很久，毕竟只磨薄一个点常不足以打开整个核桃壳。

不过，在继续拓展的过程中，不同的松鼠个体会有各自的偏好。它们当中，有的喜欢采取"咬点吃点，吃点咬点"的方式，即在刚刚咬开一块硬壳、能够到里面核桃仁的时候就迫不及待地将钻磨工作暂停，转而用牙从刚刚开凿出的这个小缺口去刮切能够到的一点点核桃仁，等吃不到了再继续向周围嗑咬。就这样咬开一点吃一点，吃完一点再咬开一点。有的个体就比较坚持，能够抵挡住壳中美味的诱惑，专心开凿。一路下来，它几乎将核桃壳沿中间切割了一圈，接着一用力便将整个核桃一分为二，然后抱着半拉核桃大快朵颐，吃完后再拾起刚才放在树干上的另外半个继续。采用后一种方式，松鼠有时甚至能将核桃仁整个取出，

1 ~

2 ~ ①

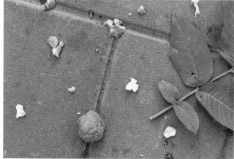

2 ~ ②

🐿 1 ~ 每年 6 月底，核桃果刚长得比较像样，松鼠就迫不及待地开餐了。它们会挑选成熟度高的核桃咬下来，抱着它快速啃下青皮，接着一通狂嗑，打开核桃的厚壳，然后开始享用美味的核桃仁。

2 ~ ①② 核桃树下，松鼠制造的"核桃残骸"比比皆是。

3 咬开核桃需要力量、技巧相结合，这只涉世未深的松鼠宝宝对此毫无经验，最开始只能捡些成年松鼠的残羹剩饭，用来解馋。不过很快，它就能在不断的实践摸索中掌握这项技能。

3 ~

一口气吃个痛快！

　　我不太确定这两种方式孰优孰劣，因为粗看起来，它们整体的进食时间差不多相当。只不过"设身处地"地想象一下，似乎"掏洞吃"的方式满足感略差，吃吃嗑嗑有点不那么痛快；而使用整圈切割然后"对半开"的方式吃起来更过瘾，不过也有隐患——一旦核桃被分成了两半，松鼠就必须照顾好后吃的那一半，如果没放好掉到树下，就很容易被同类或喜鹊之流趁火打劫。

　　那同一只松鼠会不会根据不同核桃个体的质地差异而采用不同的处理方式呢？很遗憾，我没有做足够多的试验来对比分析其中的奥秘，只能谈谈表面感受。的确，同一只松鼠并不是那种一招鲜式的工作者，但也能直观感受到它们有着各自的偏好，或者说特长。对付核桃，有的个体采用对半开的方式居多，但有时也会掏出小洞就吃吃咬咬，最后核桃壳完全成了一堆碎片；有的个体则相反，擅长掏着吃，不过有时也会将核桃对半开。或许它们也是看核桃行事吧！

不过，有一个规律倒是显而易见：聪明的个体，无论采用哪种方式，做事效率都很高，可能就是比较善于找到正确合理的切入点；而笨一些的松鼠经常事倍功半，虽然也能偶尔掏出漂亮的小口或咬出完美的半球，但对它们来说，这种情况的发生更像是"瞎猫碰上死耗子"！

既然松鼠对付核桃都要费些周折，那我不禁在想，它们若遇上拥有碉堡级盾甲的山核桃，还有能力将其攻克吗？山核桃在农贸市场的干货摊儿上并不常见，它更多是亮相于文玩领域，以手把物件的身份登场。我们平时要是买带壳的山核桃来吃，那纯属是给自己找麻烦。我就曾这么干过，等到要吃的时候，需要铁錾子和榔头一齐伺候。即便如此，施工时的垫材也需格外"讲究"。最初我是将山核桃放在小区路边的砖地上，然后一只手拿着铁錾子卡准位置，另一只手举起榔头猛力砸。"当当"几下，再看那山核桃只蹭破点皮，它下面的路砖却裂成了两半！不得已，我找来坨硬铁疙瘩垫在下面，这才得手。面对如此难啃的硬骨头，松鼠会不会知难而退？

我倒是见过饲养的松鼠取食山核桃，不过松鼠更多时候是把它当成磨牙的玩具而非主粮，没事就嗑上几口，时间长了啃咬的

累积效应显现出来，破防硬壳也不足为奇。而在野外，松鼠日常未必会有这闲工夫，它们会花大把时间跟山核桃死磕吗？要揭晓这个答案，我必须到远郊山区投入观察，在那里有大片的胡桃楸（山核桃树），松鼠也有野外生存的压力，这样才可能见到更自然的真相。

几次考察后，现实情况让我大为惊讶：松鼠们不仅会吃山核桃，而且取食量相当大。虽然有时需要耗费半个小时才能将山核桃嗑开，但它们还是会乐此不疲。看来，自然选择留下的精英不是饲养个体能比的，它们有着更强的力量、更有效的技巧、更坚定的决心。也许只有这样，才能在残酷的自然竞争中生存下来。

存树上 or 存地上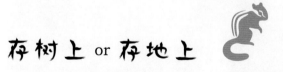

　　毫不夸张地说，鼠类都是严重的"储藏癖"患者。如果人们发现了家鼠、田鼠的粮仓，看到里面堆满了从我们手中抢夺的粮食，估计多半都会恨得咬牙切齿，有种把它们斩首一万次都不解恨的愤怒。而当人们偶然发现松鼠那堆放着核桃、松塔的粮库时，却常常是另一番心态，巴不得用各种溢美之词来夸赞它们聪明伶俐、会过日子。的确，松鼠凭借其乖巧的容貌萌化了太多人的心，而贼眉鼠眼的老鼠则显得有些悲剧。事实上，松鼠确实储存成瘾，几乎渗透到生活中的每时每刻，这"瘾头"在秋季还会来一次集中的大爆发。

　　走在有松鼠生活的林间，只要留心，就会发现枝杈间、树皮缝隙里常会出现一些本不属于大树的物件：人们吃剩的苹果核，半块饼干或馒头，甚至一团杂草……这些都是松鼠的杰作。

　　我跟踪观察了松鼠的收纳活动后，对它们的生活智慧深感佩服。对待不同类型的食物，松鼠有着不同的采收和储存方法。种

1~

2~

1 - 被松鼠临时保存在树杈上的一团巢材。

2 - 松鼠临时存放的栗子（正式储存栗子时，松鼠会叼着
一整个果实来到自己的粮库，然后从里面咬出栗子
来，存在地面的浅坑里并用落叶盖好）。

3 - ①②③ 一旦选定位置，松鼠先叼着食物将其塞进地面
的浅凹，然后两手扒拉下周围的枯草落叶，象征性地
将其盖住。

3 ~ ①

3 ~ ②

3 ~ ③

子类的食物多是被藏在地面上的犄角旮旯并覆之落叶干草之类；而果实类的食物若放地面则易腐烂，爱招蚂蚁，松鼠通常会将它们挂（卡）在树杈间风干。

松鼠埋藏食物时，会先叼着吃的四处走动，仔细挑选合适的地点，并不断停下来直起身子探察望风，生怕被贼盯梢。有时它都已经将食物放下，又突然感觉不太妥，于是另换地方。一旦选定位置，松鼠会先用前爪稍微扒拉下落叶之类，然后用嘴叼着食物将其放进浅坑里并用力顶，最后双手一阵乱扒，用周围的落叶、草甚至泥土将藏品盖住。这个程序更像是一种固定的套路，很多时候它们并不会随机应变，即便在裸露的土地上，将食物放下后，松鼠也会象征性地两手挥动几下，有时甚至是扒拉几下空气，便认为已将其盖住了。于是万

事大吉，它便兴高采烈地蹦跳着去寻找新的食物，接着重复着这一整套过程。

在我的观察区域里，松树的种类以油松和白皮松为主。这两种松树所结的松塔个头相近，但形状及"质地"各有不同。白皮松的松塔开裂早，不过松子"黏附"在种鳞上不易脱落，有时我从树上拧下绽放的松塔，都不用太顾及里面的松子是否会掉出。之后放到兜中携带一路，取出时多数松子依然待在原位稳稳当当。油松的松塔裂开得相对晚一点，松子很小且不安分，风一吹，它们就很容易借着长而轻薄的"翅"飘到远方。

针对两种松塔各自的特点，松鼠在收集时也会区别对待。虽然白皮松松塔早早开裂，但松鼠并不着急慌乱，采摘流程有条不紊。早期，松鼠会将没开裂的白皮松松塔整个保存；中后期，松

1 - 白皮松的松子在种鳞里黏附得比较牢，松鼠会叼着裂开的松塔一路狂奔到自己的粮库。

2 - 到达目的地后，松鼠会用牙将白皮松松子逐个咬出，再将它们分散储藏。

2 ~

塔完全裂开，松鼠则将其咬下、叼在嘴中一路飞奔到自己的粮库，然后把松塔搁在地上，从种鳞之间将松子咬下，再埋入周围的浅土中盖好。接着它回到刚才放置松塔的地方，叼起松塔进行下一轮"摘松子—埋藏储存"的过程。由于松鼠没有颊囊，所以一次通常只能在口中塞上两三枚松子。（树栖类松鼠通常没有颊囊，如本书里提到的欧亚红松鼠和隐纹花松鼠。）不过这样处理白皮松松塔也算是最为经济的策略了：因其松子不容易洒落，所以搬运过程不用蹑手蹑脚；到达目的地后只择出松子来储存，也很节省储存空间。最后，空的松塔壳对松鼠来说没有任何价值，便被它们弃之不理了。当然，赶上工作量巨大的时间段，松鼠有时也会直接将整个白皮松松塔藏起来。

在采收油松松塔的时候，松鼠用的则是完全不同的策略。它们会趁油松松塔还没完全开裂时就开始收集，然后将其整个埋藏。可能是被土壤及落叶包裹着不见风、水分流失慢的缘故，直到来年春天，这样储存的油松松塔依然保持着种鳞紧紧包裹的状态。冬春两季，松鼠每次到访自己的粮库时，会取出存储的油松松塔，叼着它爬上树，蹲在安全的地方，再抱着它从基部啃掉一片片种鳞（从这里开工能最快咬出松子），取出松子磕开吃掉，跟在夏季时吃新鲜油松松子的

步骤没太大差别。若在秋季不抓紧采收，油松松塔开裂后，里面的松子在搬运和啃咬过程中很容易洒落，那就不划算了。

在食物收集和存储方面，松鼠表现得异常出色，不过它们对粮库的保密以及后续维护做得并不到位，毕竟自己在明，贼在暗。而从另一方面讲，松鼠的这个习性倒也给其他一些小动物带来了福利。虽然松鼠会在储存前先环顾左右以确保不被盯梢，但这似乎只能骗过笨蛋。很多机灵的小鸟都学会了跟踪松鼠，在它埋下食物之前都不动声色地暗中观察，待其忙完走远之后，再落到地面将它的存货偷走。当然，松鼠也不是一直扮演受害者的角色，实际上，在它们家族内部，也同样是你偷我、我窃它。要是碰巧发现了小鸟的存粮，松鼠同样也不会客气手软。整个树林中，小动物们经常这样互换角色，一会儿不幸被盗，一会儿又变身小偷。

2 ~　　　　　　　　　　　3 ~

松鼠和其他动物邻居斗智斗勇，通常互有胜负，不过生活在公园中的松鼠会遇到非常难应付的对手——人。

或许很难想象，竟会有这样的人，为了占一点小便宜，去偷那些沾有松鼠口水的坚果？平日里，这些人望着满树的核桃垂涎三尺，但又不敢明目张胆地举着棒子打，因为那样会引来保安，面子上不好过。但有松鼠"帮忙"，情况就不同了——他们只需平时多留意松鼠的动向，确定了它们固定存放核桃的地方，定期去收货就能满载而归。如此一来，既不用冒着被保安训斥的风险，又省去了给核桃去青皮（松鼠已代劳）的繁琐过程，"彰显"自己的智慧。

不过松鼠也是绝顶聪明，面对这种竞争压力，一些生活在园林里的松鼠已经改变了存食策略，对坚果的储存方式做了点调整：增加了在树上存放的比例，减少了地面的存储量。

勾勒地图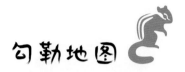

　　在没有无线电追踪设备帮助的情况下，跟随松鼠个体的活动非常困难，我除了要进行个体识别，还得能跟上它们的脚步。在这一过程中，我经常跟着跟着就走进了"死胡同"——前面出现一个断坡、一条小河或是一片密不透风的灌丛。当然，在园林中，有时也会被一些独立景点设置的铁栅栏阻挡。而松鼠则在树冠层的立体交通系统中来去无阻。为此，我不得不事先投入大量精力，先把观察区域内的地形和路况摸清，以便在即将被甩掉之前选择其他路线包抄，这样才好跟上它们的步调。

　　采用跟踪的方式，所见的"松鼠世界"和定点观察或偶遇时看到的大有不同，我能更充分地感知某只松鼠在一天中的生活节奏，并深入了解它对一些日常细节的处理方式。定期进行全日式跟踪，然后将结果累加起来，就能大致串起它的月生活、季度生活甚至年生活。

　　追踪过程中，松鼠的空间记忆能力令我印象非常深刻。仿佛在它们眼中，每根树枝上都印有路标，注明此路通往的去处。松鼠沿着路标一路飞奔便能准确抵达目的地——一棵结满松塔的油松、一株正在淌着香甜树汁的元宝槭、一处畅饮的"水吧"、一个温暖舒适的安乐窝……而且，这路标并不是一成不变的，会根据季节等因素的变化不断更新，以实现最为有效的导航功能。

这种能力乍听起来有些神乎其技，不过若将松鼠和我们自己的认路情况做个对照，一些疑问似乎就容易理解了。我想其实松鼠和我们都在做着同样的事儿，只不过分属于不同的空间体系。在它们眼中，枝杈错综复杂的树冠空间应该是另一番景象，对等于我们的路网。按常理来说，视觉收纳的空间信息会在大脑中形成地图记忆，用来指导自己行动时的路线选择。我虽然不是从事运输工作的司机，但平时很喜欢认路、记道儿。刚上小学时，我就热衷于在时间允许的情况下，于放学后进行路线"拓展"，把学校周围各条岔道都走一走。等"学校—家"之间的所有小路都摸清了，便会根据心情和实际需要灵活选择路线组合。后来骑上自行车，活动范围进一步扩增，我脑子里也开始慢慢"植入"更多的地图板块。哪儿有厕所、哪儿有修车点、哪儿有个烧饼铺之类我都能记得清清楚楚。纵然不同的人认路能力有所差异，也不是每个人都愿意去记住这么多的地标信息（特别是有了导航之后，连出租车司机都懒得记道儿了），不过对于绝大多数人来说，除非路盲，否则出门买个菜然后从另一条路回家，并不是什么难事。所以，顺着这个思路想下去，松鼠能在自己的家园里驾轻就熟地穿行也就比较好理解

松鼠对所居社区中各种生活配套设施的服务规律了如指掌。每年 12 月底至次年 3 月初，到元宝槭树上舔尝树汁（左图）几乎成了它们固定的日常活动。而春夏两季，榆树的伤口处会形成天然的"泉眼"，成为周围松鼠每天都要到访的水吧（右图）。

了。这只不过是项基本生存技能而已，更何况它们还有灵敏嗅觉的辅助加持，在遇到"不知该往哪儿拐"的情况时，闻闻味儿也有一定的提示作用。当然，可能也有纯路痴的个体，只不过很快就被淘汰了。

不过，即便松鼠是"活地图"，它们也很难做到"路路通"。通常情况下，松鼠都是在自己比较熟悉且常用的主干道上才开足马力飞奔，在陌生路段上它们同样会犯"选择困难症"。而且，在实际生活中，松鼠也免不了会遇到突发情况，导致临场措手不及。比如往日里一根作为通路的树枝于前夜被大风折断，但松鼠尚不知情，照旧自信满满地一路狂奔，走到跟前才发现"此路不通"，类似这样的情况确实不可避免。当然，这时只需短时间调整便能完成地图更新，毕竟一条路垮塌了，还有多条备选，只是行进过程看起来没有之前那么流畅通达而已。

若是赶上园林中来一次大规模的修剪活动，许多"碍事"的侧枝和病枝、虫枝都被砍掉，那麻烦就会大些。对于松鼠来说，

多条空中通道同时垮塌，它们不得不重建自己的地理信息系统。松鼠会放慢运动速度，必要时还要登高远眺，长时间驻足在高枝上四下张望，看起来像是在筹划构建新的交通体系，然后便开始试运行。一旦新线路畅通无阻后，很快就会正式运行。等多条线路全部开通后，它们就又恢复了飞奔模式。有时，赶上通路受阻而附近又没有替代通路的情况，松鼠也会退而求其次，选择地面通行的方式，快速通过后再转入大树上层的交通网络中。用不了两天，一个新的地图系统就会重新植入它们的大脑中，这种适应能力不得不让人佩服。

　　成年松鼠构建地图的过程并不太容易被察觉，因为它们社会经验太过丰富，就算是到了陌生区域，或是家园惨遭洗劫，它们也能"从容镇定"，用很短的时间熟悉新环境。而幼崽就不同了，它们尚处于涉世之初，我在现场观察时能够清晰地感受到它们对外面世界的探索进度。松鼠宝宝还在蹒跚学步时，就会有到外面去看看的冲动，但陌生的环境会让它们非常小心谨慎。加之幼崽们行动能力并不强，所以最初几天，它们通常就是在窝口边循环往复、晃晃悠悠地来回爬动，出去之后会沿原路返回。不过很快，它们就有足够的力气小跑了。这一阶段，它们的活动空间依然是窝周围几米之内，不过更为立体，上下左右的地方都会

1 - 图中左侧的亭子位于一条游览路线上，成为连接两侧树林的通道。秋季，这只松鼠忙于储存食物，每天都要借此跳板往返数次。后来，在绿化整修工作中，白皮松的侧枝被砍掉，这个凉亭也失去了跳板的作用。好在地上小路不宽，这只松鼠变通一下，干脆趁着人少的时候直接从地面通行了。

2 - 这是一只已开始离巢活动但尚未完全脱离妈妈照看的松鼠少年。这天，它玩得开心起劲，走着走着便独自来到离家较远的地方。时至中午，它似乎意识到该回家了，结果"回头看"却不确定来时的路线。此时，我见它蹲在一根横枝上环顾四周，突然，它停住了，我顺着它的视线看去，那正是它的家。接着，它又停留片刻，以很慢的速度左右转头打量着。最后，它启程了，一路小跑，直接奔回家里。途中每一个拐弯处，似乎都已在之前的"发呆"过程中设计好了方案。

涉及，主要是锻炼各种攀爬跑跳技能和力量，同时进一步熟悉环境路线。一旦幼崽们具备足够的力量和体能，它们的活动范围就开始逐步向远处拓展。通常，最开始都是走很固定的路线，达到一定距离后便原路返回，一条路线熟悉了之后便会开始研究岔道。虽然这个过程看似会很漫长，但小家伙们精力十分旺盛，一直在不断地探索中，所以用不了几天就能把家门口的路况摸清。而且在这个阶段，它们的运动能力突飞猛涨，所以探索的进度也会与日俱增。很快，小松鼠们就会尝试着从巢树向周围相邻的大树进军。如果成功了那势必让它们信心大增，不过有些顽皮的幼崽难免会忘乎所以，光顾着新鲜而一路走个不停，等到该回家时才发现眼前已非自己熟悉的场所。此刻，它们会停下来驻足观望找家，等发现家的位置后便会环顾四周，开始构思回家的路线。好在它们有比较出色的空间感，只要不是离家太远，小松鼠们通常都能顺利定位家的位置，待脑海中勾画好回家线路后，便下来一路小跑回到家中。这样一次次的"走丢"后，家门口附近区域的地形就会被它们摸得一清二楚。不过，确实也会有松鼠幼崽真走丢了，甚至迷路后碰到危险找不到躲避场所而惨遭不测的情况。

进入青少年阶段后，小松鼠的活动能力已十分强劲，再加上旺盛的精力，它们每天可以在林中疯个不停。在整个过程中，哪里有桥，哪里有美食，哪里路途艰险……这些信息都被一一记录下来，脑海里的地图就这样在不断的填补中日趋完善，这在它将来的生活中会大有用处。

共有家园

松鼠是种喜欢独居的小动物。过去我做浏览式观察，经常看到不同个体相遇时发生激烈的追逐驱赶，于是便以为它们都有各自的领地，并且要定期巡逻、做好防护、驱逐入侵者。自从给观察区域内的几只目标松鼠辨明个体身份，并增加了全日式追踪后，看到的结果又将我之前"想当然"的理解给颠覆了。

现实中，虽然每只松鼠有一定的活动范围，但这个区域位置并不固定，也没有特别严格的界限。有时，一片不大的林子里就能共同生活着四五只松鼠。由于毛色差异明显，我得以将它们区分开来。如果两只成年松鼠狭路相逢，彼此间确实如仇人相见一般，强势个体会毫不留情地将对方赶走。不过，这种冲突通常也仅是追出一小段，一旦形成"眼不见，心不烦"的局面就点到为止了。要是食物资源丰富，四五只松鼠同时出现在一棵树上的情况也时有发生。当然，彼此间都相隔一定距离，不会肩并肩。等这棵大树上的食物吃得差不多了，这些松鼠会很灵敏地"嗅"到

附近的食源，接着全体移步新食堂。

因为我的主要观察区域属于人工园林，环境可能有一定的特殊性，这难免会让观察结果也有些"个性"。在这里，环境的异质性较高，林地不可避免地会被一些人工建筑设施所分割。虽然也有各种自然或人工的"通道"将各片树林相连，但依然能明显感觉到松鼠会尽量避免长时间暴露于人工设施密集的区域。

总体看来，活动区域内的空间和资源都归大家共有，只不过不同个体间"排排坐，吃果果"的情况是不允许的。每隔些日子，松鼠的主要活动区域也会发生些变化。通常是渐变，有点"这个月逛街东，下个月逛街西"的模式，不会出现"这个月

1 松鼠们同到一个餐厅吃饭的情况
并不罕见，只要彼此不挨得太近，
就可相安无事。

2 如果不期而遇，一场小规模的追
逐战便在所难免。

2-

工作、吃住北五环，下个月移步南五环"的状况。对于吃住在同"一条街"的松鼠个体，每天逛街倒也讲个先后次序，毕竟它们都比较"小心眼儿"、不合群，这样在活动时间上多少岔开些，也能避免不必要的冲突和尴尬。不过，这个规矩会被一个因素打破，那就是"爱情"。

每到繁殖季节，公松鼠们都昏了头，也顾不上错峰出行了，毕竟"美食易找，真爱难求"。它们每天都恨不得尽可能多转转，有时不惜打破禁忌——从狭长的通道穿行，甚至在非常暴露的广场奔袭而过，为的就是能找到更多的佳丽。如果对方尚未做好结婚准备，那就打个招呼暂别后继续赶路，若碰到情投意合（处于发情状态）的，那就热闹了。这期间，经常能看到四五只松鼠同时出现，排长队追逐。领队的是处于发情状态的母松鼠，后面排着追求它的男士们，它们多是母松鼠四邻八舍的街坊，不过也不排除有远道而来的追求者。此时，公松鼠们也顾不得先来后到了，毕竟在爱情这事儿上，谦让就等于放弃。固然，强势的公松鼠会驱赶竞争者，但小弟们也是锲而不舍、屡败屡战。母松鼠的婚期很短，只有两三天。在这期间，每天天一亮，公松鼠们就陆续赶至。早到的干脆直接守在母松鼠窝外，待它外出便开始新一天的求婚追逐，中途还随时有迟到者加入派对。交配怀孕后，母松鼠会立即切换为"恐婚"模式，拒绝任何追求，公松鼠们也就识趣地散去，"组团"到其他地方另觅新欢了。

居无定所

松鼠一年四季都会做窝，而且不止一个，但具体会弄几个我也说不清楚。

通常情况下，隐蔽性是松鼠选择建巢位置时最在意的要素。在针阔混交林中，针叶树成为了首选，它能够一年四季保持枝叶繁茂，为松鼠的家提供遮挡。我常年在市区园林和近郊山区观察，这里针叶树资源充沛，松鼠在阔叶树枝杈上或树洞里做窝的情况极少，对一些小鸟的人工巢箱也不待见。不过在远郊，一些针叶树比例相对较低的区域里，这几类情况都时有发生。有意思的是，松鼠虽然会考虑巢在视觉上的隐蔽性，但并不介意巢树下方有人行通道，仿佛只要高高在上、不会被轻易看到就可以了。而且在一些园林中，它们还学会了利用建筑物，在屋顶排水通道之类的孔洞结构中安家。

在我经常光顾的观察区域里，松鼠很乐于自己做窝，建材比较固定，基本就是用松柏的树枝搭建框架，然后往里猛塞填充材

1~

2~

那些动物教我的事　　松鼠

1 - 松鼠做窝时通常首选松柏等针叶树，将窝建于树冠层枝杈密集、隐蔽性好的地方。

2 - 偶尔，松鼠也会将窝建在人工建筑的孔洞结构中。这个窝建在高墙顶端的砖孔中，距地面 5 米高。松鼠会通过周围的树枝先跳到墙头，再钻回窝中。

料。填充物通常是由柏树皮、杉树皮撕扯而成，或是从地面搜罗的干草、落叶，有时也会出现公园里小树上缠着的麻布，或是包裹水管的人造棉之类。

总体说来，松鼠在秋冬季做窝时会更下功夫一些，因为要靠这小屋度过漫漫寒冬。而在夏天，就很少看到它们大兴土木了。不过，松鼠妈妈和准妈妈们是例外。即便在夏季，它们做的窝也都非常隆重，毕竟这个窝要执行"产房＋育婴室"的重任，妈妈要带着孩子们一起在这里生活一段日子。一个窝住久了难免会出现卫生问题，而且总在同一个地方进出也容易招人耳目。所以，松鼠妈妈每隔些日子就会用嘴叼着孩子，将它们一个接一个地搬入新家。若是遇到突如其来的干扰或危险，它更是会在尽可能短的时间里择机就将孩子们搬走。如此看来，哪儿有备用的窝，松鼠妈妈早已门儿清，先紧急入住避难，之后再随住随收拾。

对于没有生育和抚养任务的松鼠个体来说，是否每天都会用同一个窝呢？这类问题并不太好观察，因为我没有时间去每天从早到晚进行跟踪。而且，没有无线电追踪设备的帮助，我在尾随过程中经常会被松鼠甩掉。所以，我很难确切了解它们与某个窝之间"亲密关系"的持久度。不过可以肯定的是，虽然我的观察并不是每日连续，甚至有时会间隔四五天，但的的确确遇到过松鼠早晚出入不同窝的情况。这让我想起，曾在一些研究资料中看

1 ~

2 ~

1 ~ 松鼠收集巢材时表现非常执着，一旦遇上合适的材料常会出现"过度索取"的现象，有时一段树干都被撕成了光杆。

2 ~ 这位松鼠妈妈从地上搜集了一大团干草并将其叼着运回家，用来填充窝内空间。

3 ~ 这是一位待产松鼠妈妈精心营造的产房，不成想临产前，园林修剪工作直接将窝所在的横枝锯断。窝掉在地上，松鼠妈妈另去建了新家。这个用来养育小松鼠的窝建得非常紧实，外层由撕扯的树皮、细枝编织而成。我将窝打开，看到里面棉絮状的填充物，手伸进去能非常明显地感觉到温暖和柔软。

4 ~ 即便是在温度较高的日子里，松鼠妈妈做窝依然会非常投入，不敢有丝毫懈怠。毕竟，一家几口要在这个窝里居住挺长时间，窝的坚固性、安全性、舒适性都要有所保障。

5 ~ 一场大雨过后，窝被浇透，松鼠妈妈赶忙叼着孩子奔往新家。

3 ~

4 ~

5 ~

到"松鼠会每天利用不同窝"的说法。

有时，我从清晨看到某只松鼠自窝中钻出时开始跟踪，到了傍晚它却回到较远处的窝中，并且直到天黑再没有出来过。当然，我不能完全排除早上在我们相遇之前，它就已从窝里出来，之后"晨练"了一会儿，接着跑到窝中睡了个回笼觉，然后才再次外出和我相遇。不过这类情况发生的概率还是比较低的，毕竟，在我进入林子后这一个多小时里，都没见有松鼠活动，而再之前天还黑着呢。

我还发现，不同的松鼠个体除了共享家园，连"窝"这样一向被认为是"私人占有"的空间，竟然也会出现公用的情况。无论是白天的小憩点还是晚上过夜的卧房，都有种"公有，但先到

先得"的感觉。

松鼠在白天一通吃吃喝喝过后，就会有些"饱发困"，常会就近找个窝迷糊会儿。如果这窝是空的，就进去睡起来；如果窝已经被占，那就再另找一个试试。有时一只松鼠歇够了钻出来活动，刚走不久，就来了另一只钻进去休息。这类情况在夏天较为少见，因为三伏天里，松鼠更愿意趴在树枝上吹风，窝里实在有些憋闷。不过夏日傍晚，松鼠们还是会去一个比较像样的窝里过夜，这时候依然会有"先来后到"的情况。

曾有一次，临近傍晚，我站在高处发现了柏树上的一个松鼠窝。窝口正对着我，能够非常清楚地看到里面有只松鼠正蜷缩着酣睡。没过多会儿，附近树上有动静，另一只松鼠赶来了。我以为它只是路过而已，没想到三转两转之后也上了这棵树，接着一路小跑来到窝边。就在它正试探着爬进窝的时候，里面那只突然冲出将其打跑，然后自己又回去接着睡觉。我无法确认此巢是由它俩谁所建，也可能另有他者。

尽管如此，但我并不敢说，我观察的这些松鼠也会每天都"换地儿"过夜。在窝这件事上，我已经被自己打脸好几次了。

熟悉了松鼠窝的造型之后，走在林间便会发现其数量非常之

炎炎夏日，松鼠在白天休息时，通常会趴在隐蔽且通风良好的树干上，有时能一觉从上午十点睡到下午三四点钟。

初遇此窝，我见它漏了个大洞，属于危房，以为它废弃已久。后来发现，一窝刚离开妈妈独自生活的松鼠少年却把它当个宝，玩累了就彼此挤在里头休息。有一次，其中一只在窝里也不老实，不停地折腾，一不小心竟直接从漏洞处掉了下来。

多。它们有的富丽堂皇，有的家徒四壁，有的甚至七穿八孔摇摇欲坠。起初，我习惯性地认为这些危房属于废弃之物。不过后来发现，其实很难通过窝的外表来特别准确地判断松鼠是否会利用它，即便有的漏个底朝天，也说不准哪天某只松鼠心血来潮将它稍加拾掇后欣然入住。此外，对于涉世之初的小松鼠们来说，这些陋室也时常成为它们不可多得的实习材料和庇护所。

此外，曾有好几年，我一直觉着松鼠窝和喜鹊窝非常容易区分：松鼠窝体积明显小，结构更为紧实，不像喜鹊窝有那么多参差不齐的长枝条。不过后来，我连续跟踪了几位松鼠妈妈，发现它们换窝时有利用喜鹊旧巢的现象。或许是一边照顾孩子一边盖新房实在压力山大，找个现成毛坯房加工一下更为经济实惠。

一般来说，除非亲子关系或是刚脱离妈妈、独立生活的兄弟姐妹之间，否则松鼠很难容忍其他个体和自己同居一室。倒是有研究提到过在严冬寒冷的日子里，也会有几只松鼠挤在一个窝中相互取暖的情况。很遗憾，在我的观察中，还未曾有机会看到此类情况，或许北京冬季的温度还不够低吧。不过我倒是见过资料中提到的另一种"同居"——交配当天，有的公松鼠"怕被绿"，会守护母松鼠一整天，并随其一同回家过夜。转天母松鼠已受孕，不再接受任何异性追求，此时原配老公便可踏踏实实扬长而去了。

找回存粮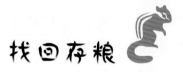

　　因为不同欧亚红松鼠个体的活动区域相互套叠，它们的粮库也都对彼此"开放"。有时，我看着这些小家伙每次存粮时都煞费苦心的样子，真感觉有些好笑。储存点的类型和分布在《存树上 or 存地上》一篇中已有解读，此处不再赘述，这里重点想说的是松鼠怎么找到这些存粮。

　　总体来说，我比较同意一些研究的结果：松鼠靠着空间记忆来指导行动，找到自己曾经存下的口粮。这在环境条件比较稳定的情况下表现得格外突出，特别是在初冬时节，也许是因为刚刚埋下食物，记忆比较深刻，松鼠常能精确制导、干脆利索地直奔储存点。过程中几乎没那种左顾右盼、东寻西找的状态。随着时间推移，可能记忆渐渐模糊，外加存粮越吃越少，松鼠在寻找过程中投入的时间会有所增加。不过这都不算什么，真正的麻烦来自于园林中的大型清理活动。其中规模最大的要数冬天这次。工作人员要对林下的枯枝、落叶以及枯黄杂草进行集中清理。在此

这是园林中的一小片油松林，因为少有阔叶树的落叶覆盖，此处也成为每年秋季地被清理工作较少涉及的区域。在这里，地面有一层"松针毯"，松鼠的存粮得到了较好的保留。早春时节，是松鼠餐厅一年中食材最为短缺的阶段，不过松鼠们还是能够轻车熟路地在这儿找到自己足够的存货。

Ⅰ-①②③ 初冬，一场大雪将松鼠的地面粮库遮盖得严严实实，给它们寻找存粮的工作带来些麻烦。我不确定这只松鼠的空间记忆在此刻能发挥多大作用，不过在观察中，能够看到它增加了嗅闻行为的比重，最后成功找到一个松塔。

之前，正值松鼠存粮最为忙碌的时段，有时从早到晚不得闲。眼看着松鼠把自己的粮库归置得整整齐齐、满满当当，接下来就可以赋闲过冬了，结果林下大扫除开始，工人师傅们扫把、耙子一起上。霎时，落叶携枯草翻滚着，最后拥作一团，其中就夹杂着松鼠储存的松塔、松子之类。等大扫除结束后，林下那曾经斑斓丰厚的落叶毯所剩无几，转而露出斑秃的土地。我不知道松鼠返回自己的粮仓时，看到这样的景象会心情如何，或许都被气得想骂脏话吧。接着，搜救"幸存者"的工作紧锣密鼓地开展起来。

此刻，松鼠的粮库满目疮痍，空间记忆不好使了。有时，松鼠自信地沿着树干溜下来，却发现存放点的食物不见了或是少了很多，它们必须启动应急备案——依靠嗅觉来帮助搜寻。我曾看过有的研究认为松鼠找回存粮靠的是空间记忆，而没有嗅觉的参与。我想这可能和松鼠栖居环境的稳定度有关，起码在我的观察过程中，是能够明显感到松鼠在用鼻子来闻。有时，松鼠已察觉到松塔就在附近却不得见，于是站起来半弓着身子，鼻头不停地上下抖动，并用力吸气。我在现场，距离近的时候仿佛都听到了它抽气的声音。闻出具体方位后，松鼠会向前移动一些然后继续嗅闻空气中的味道，直到最后果断地在地面找到被土覆盖的松塔。

松鼠粮库除了会经历初冬这次"浩劫"，春天里的状况同样不稳定。每年开春，工人们又开始拿起铁锹整理乔灌木下的树

1~①

1~②

1~③

坑，为接下来的浇灌做铺垫。这些地方也正是松鼠储存食物的首选区域。工人几锹下去，树坑又恢复了"标准"的造型，之前堆积在里面的杂物连同一些干土块被翻到一边，或是用来垫补树坑周围的一圈高沿。接下来，松鼠不得不再次依靠嗅觉帮忙，经常能看到它们单纯地站在树坑里不停地嗅闻探测，不一会儿便非常执着地扒起土块来，然后从下面叼出被工人掩埋的松塔。好在食物足够丰富，我跟踪观察松鼠这些年，还没有明显看到它们因饥饿而受困的情况。

是跳还是飞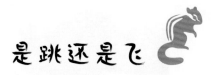

　　松鼠的跳跃能力相当出众，经常在树梢上连蹿带蹦。它们也非常自信，从一棵树转移到另一棵树上时，更愿意在树冠上飞跃，而不是下到地面然后再顺着树干爬上去。有时，借助高低落差，它们甚至能够跨越3米多的距离。难怪常有人看到松鼠在树上跳跃时忍不住惊呼："这松鼠会飞！"

　　虽然我跟踪观察松鼠多年，对它们的跳跃有些见怪不怪了，不过每次遇到时仍会看得饶有兴味。说个私心的"小邪恶"——我还真有点看热闹不嫌事儿大，想见到它们跳跃时失误的场景。

　　客观地说，虽然这些飞侠轻功了得，但也确实会偶有失误。要么是因起跳支撑的树枝过于干枯，无法承受起跳时的蹬力而折断；要么是因降落的枝条过于脆弱，松鼠着陆时的冲击力使其断裂，然后两者一起从天而降。有时松鼠也会出现因距离判断失误而中途迫降的情况，这种多数是些没有经验的青少年个体，或是在被追逐时慌不择路而忙中出错。好在它们自带减震系统，如从高处意外跌落，基本都没什么大碍，缓缓神就能继续蹿上树去。甚至有时都不用调整心态，落地后直接快跑，看起来就好像是它事先安排好的动作程序一般流畅。偶尔有不太走运的个体也会受伤，不过还好，轻微的骨折有个两三天就会自愈，它们比人要皮实得多。

在收获了大量松鼠飞跃的视觉信息后，我隐约有个感觉，虽然跳跃跨度远近不一，周边环境也变化多样，但总体来说它们在空中的姿态可分为两种类型：一种四肢向两侧外展，如果从侧面看，手脚基本和身体腹面处在一个平面甚至更高，手在脸侧，脚、小腿和大腿也都蜷缩起来向外摊平；另一种则是手脚都在躯干下方，要么自然下垂，要么保持一定弯曲度，好像在准备随时着陆。

动物在跳跃中的姿态，很容易让人将其和"保持平衡""增大缓冲""减少冲击"之类的理由联系起来。针对松鼠的不同跳跃姿态来说，情况会是这样吗？

从这个角度出发，乍一想好像确实有这么点意思。松鼠的腋下和腹股沟区域都有一层皮膜将四肢与躯干连接。在平摊四肢的跳跃过程中，这些皮膜会相应展开，身体在空中就像一块边缘不太齐整的抹布，跃进的速度似乎也并不很快。而四肢朝下跳跃时则完全是另一种状态，毫无"飞抹布"的视觉感受。特别是它们采用这种姿态在比较粗的树干间跳跃时，速度极快，身体像一支离弦的箭，"嗖"的一下就过去了。如此看来，姿态的不同确实会带来速度的差异，而慢那么一点点的原因，若说是为了减少冲松鼠向外侧摊开四肢飞跃时，腋下和腹股沟连接躯干的皮膜被抻开，从下面看犹如一块形状不太规则的抹布。

击貌似也合理。

然而，随着观察的持续推进，特别是有了相机连拍功能的帮助后，我能够定格松鼠跳跃全程中在不同阶段的空中姿态，然后坐在电脑前仔细回看每张照片进行比较。结果，越来越多的"异象"出现，挑战着我此前的"完美逻辑"，看来情况或许并不如之前想象的那么简单、那么顺理成章。

首先，在长距离跳跃时，我发现松鼠并不是一定要用"抹布姿态"，反而在空中四脚下垂的比例相当高。其次，有时跨越距离非常短，甚至只是从一层枝叶下落到底下一层而已，垂直距离和远近跨度都不足半米，它们却要摊开腿脚。情况变得越来越扑朔迷离。另外，"抹布姿态"同样会出现在自下而上的跳跃中，按说这是一个要克服重力做功的过程，跳跃者巴不得轻装上阵减少阻力，那为什么还要摊开四肢让皮膜"兜风"呢？种种情况似乎在暗示着，这个问题不能按"常理"推测，不能太想当然。

为了尽可能找出其中真实的缘由，我将拍过的松鼠飞跳的照片放到一起进行比对。排除了高度落差、跳跃距离等因素后，一条此前未曾留意过的小线索浮现出来：它们跳跃中出现"抹布姿态"时，落脚点通常都有一定的不确定性；而跳跃中四脚朝下时，落脚点则非常明确。

或许这么说显得有些不知所云，那我具体解释下吧！在松鼠跳跃时，如果落脚点非常明确，是一根很显眼的树枝、一块固定的石头之类，那它便会全程四脚下垂，做出非常有预见性的着陆准备。若落脚点是一些"杂乱无章"的东西，看不到上面有明

1 ~ 从上方以半俯视的角度观察，能够清
晰地看出松鼠以此种方式跳跃时，前
肢的位置高于头的前部。

2 ~ 这是另一种跳跃类型，过程中，松鼠
的四肢始终位于头、躯干的下方。

1 ~

2 ~

确且靠谱的落脚点，比如一大蓬柏树叶或阔叶树上密集的小叶细
枝，那它跃起后就会摆出抹布造型。以此种方式跳跃时，因着陆
点"无处下脚"，所以松鼠看上去更像是去抱住对方，然后迅速
抓握住触及的细枝叶，接着用最快的速度爬到周围更为坚固可靠
的树枝上。

　　这不禁让我推测，它们是不是能够分清不同降落点的材质特
性，然后从起跳初始就规划好了自己全程的动作模式？

　　其实，最好的验证方法是人工设置不同距离、不同高低位置

和落差的跳跃路线，并辅以不同材质、不同外观的落点，然后让松鼠完成各种跳跃，拍摄下来逐格慢放比对分析。但在野生状态下，想让松鼠们配合完成这些试验几乎是不可能的事，用人工饲养的个体操作倒是可行，但我也没那么多"能量"搞这些事情，毕竟只是业余玩票，能做的就是尽量多样化地观察并收集整理信息罢了。

不过这个推测倒是让我想起，之前看过一些欧洲摄影师拍摄松鼠时，非常喜欢使用诱饵，还会布置场景，设计好运动通道，安放起跳和着陆的石头或木桩。松鼠要想获得食物就会固定从此通道跳跃经过，摄影师使用这个方法便能拍到各种不同角度松鼠哪怕距离很远，只要有明确的着陆点，松鼠在跳跃中就会保持四肢在头身下方的姿态。

跳跃的照片。

对于这种拍摄方式，我持保留态度，虽然我个人追求"无干扰"的自然状态，不过也能理解有时候为了一些拍摄项目而酌情使用人工手段的方式。回想下这些国外摄影师拍摄的松鼠跳跃照，有一个非常明显的直观印象——松鼠在空中时几乎都是四脚下垂的姿态。为此，我又特意重新开启搜索引擎，以求找到更多的松鼠跳跃照片。果不其然，和我之前的印象非常一致，几乎所有照片中，飞跳的松鼠都耷拉着脚，有些跳跃距离非常远，同样也是如此。当我"检查"这些照片中松鼠跳跃的着陆点时，无一例外的都是设置好的大石头、粗倒木之类，有着非常明朗的着陆条件。

还有的摄影师布置好"踏板"和"着陆垫子"后，采用频闪的方式将松鼠在同一次跳跃中不同位置的动作定格在同一张照片中。照片中，依然能够清晰看到松鼠从始至终都保持着四脚"垂下"的备降状态。偶尔，我也能搜到一两张采用"抹布姿态"跳跃的松鼠，再看周围环境，确实是些着陆条件"模棱两可"的树冠枝叶丛，而且主体很小，有的也很模糊，感觉都不是"跳跃专项拍摄"的成果，更像是在林中的偶遇抓拍。这个结果和我之前的推断相当吻合，不过我依然不会放过任何一个可以拍摄记录松鼠跳跃的机会，毕竟见得越多，才越有可能判断得客观准确。

随后，我有的放矢地对现实中松鼠的跳跃姿态做了一段时间

| ~ ①

| ~ ②

的进阶搜集。当我将信息再次集中到一起比较时，线索更加清晰明朗。虽然实际情况比我之前的推测要丰富多样，不过整体来说，依然符合我此前的直观感受——着陆条件明确时，松鼠四脚朝下；着陆环境含糊不清时，松鼠更容易做出"抹布姿态"。

这么看来，松鼠应该是对生活环境中的不同物体都有着较为深入的"研究"，能分清它们各自的特性。仔细想想，它们有这能力似乎也不为过，如果软硬不分、敌友不辨，那还怎么在森林里混啊？家园里哪儿常有危险，哪儿有好吃的，哪儿的路四通八达，哪儿容易有死胡同……都是生活必备常识。

不过自然界中许多事物并不是非此即彼，一棵树的枝叶外观也不一定就非要属于"明朗"和"模棱两可"两种画风之一。在不少情况下，它可能是处于中间过渡类型，有时偏向前一种，有时则更接近后一种，那松鼠又会相应地呈现出什么状态呢？

环境的复杂性也造就了松鼠跳跃舞姿的多样性，很多时候，在跳跃环境多变的区域，松鼠的跳跃姿态也随之"因地制宜"。虽然大体上依然符合之前讨论过的类型范畴，但过程中增加了许多微小差异的组合及调整。如果尚未对着陆条件完全摸清，那起跳时多以抹布姿态飞出。在腾空后的行进过程中，要是松鼠逐步发现并锁定了落脚区域中的准确落点，那它很可能在后半程就会变换姿态，转为四脚向下。而在一些紧急情况下，比如遭到天敌追杀或是同类驱赶时，松鼠常会慌不择路，找个当口就以抹布

1 ~

2 ~

3 ~

1 — 这次跳跃距离很近，但着陆点是一大堆杂乱的柏树叶，松鼠做出了四肢外展的姿态，好及时地去抱住它们。

2 — 这是松鼠在一片松针上着陆的瞬间，两个手臂已经开始合抱了。

3 — 虽然此照片的画面很不理想，但这个案例却很能说明问题。这是一次松鼠从地面向上跳到低矮树枝的过程，距离非常近，但它依然做出了四肢外展的动作。因为着陆条件是一堆杂乱的小细枝叶（未入画），松鼠看不到明确的着陆点，干脆就采用去抱的方式。

姿态蹿了出去，这时在空中"随时侦察，随时调整姿态"的情况就显得更为普遍些。毕竟，情况紧迫，松鼠有时很难完美地做到"看准了再跳"，而抹布姿态可能带来一些"兜风延时"的效应，或许也在一定程度上给了它更充裕的时间，以便边"飞行"边看路。

松鼠的这种运动、判断和随时调整的能力听起来似乎有些高级，有点不可思议，但仔细想想，这不过就是在练好基本功（对周遭环境学习认知以及跑跳常规训练）后随机应变的本能反应而已。试想，在人类的竞技体育比赛中，肢体和意识的配合、调整不也同样是在时刻发生吗？都属于平时练好"套路"再于对抗中灵活运用并不断提高。而对于松鼠而言，常年生活在危机四伏、变幻莫测的自然环境中，没有这两下子估计难以求生。

正如前文所说，实际上松鼠的"跳跃—着陆"并非每次都能这么精打细算、稳妥执行，失误在所难免。特别是尚处涉世之初的青少年松鼠，对自己的能力没有足够的认知，对环境也缺乏深刻的总结，外加精力过剩还常盲目自信，有时还没看清路线就迫不及待地放飞自我，将自己扔了出去。小的失误可能问题不大，而那些经常犯大错误的个体估计真的是很快就被自然淘汰了。

松鼠跳跃姿态的话题说到这里，似乎有种"我找到事实真相啦"的感觉。其实不然，这只是我做的非常初级的阶段性观察小结，距离事实真相还有多远尚不得而知，这也正是继续观察的重要动力。

个体追踪与
连续观察

自然已足够精彩，剧情不用脑补，只需多投入些时间连续观察，将里面有意思的片段截取组合，就是刷新认知的"年度大戏"。

观察松鼠之初，我就立下明确目标——要了解它们在一年中不同季节里的生活，所以从一开始，我就做好了打"持久战"的准备。

在最初的几年里，我会根据查阅得来的资料信息，结合靠思维定式推理所得的"经验"来指导安排观察计划，在我认为它们该出现的时段到我认为它们常活动的地点去凑热闹。

观察过程中，我会自主把从资料上看到的内容和现场所得的片段化信息一一对号入座，必要时还不忘脑补些"过场"。一段时间下来，我便开始有点自以为是，觉着已经"理论联系实际"，对松鼠有了比较充分的了解，掌握了它们食物分配、求偶生娃、地盘划分、社会等级等诸多方面的习性，并开始构建起松鼠的生活年历。与此同时，陆续有关于松鼠故事的书稿邀约，我也都欣然应允，并自信满满地开始执笔。

后来，因对书稿中一些内容的图片素材不太满意，我决定补拍点照片，没想到这一补拍竟把做好的书稿给补"没"了。

在补拍计划执行初始，我就有幸结识了一只体色偏红、相貌俊俏的公松鼠，我给它起名"小红王子"。在我的观察区域里，像它这样红的个体并不多，甚至可以说属于稀有级别，所以其身份十分容易识别。加之它并不太怕人，比较配合我的工作，这样的机会实在太难得了。我当即就决定改变之前的观察方式，不是只在"旺季"去赴约小红王子，而是想争取以它为主角、对它做个连续的追踪。于是，在后面的工作中，我尽量平均地安排观察日程，每次也都尽量拉长早晚的时间，而不像过去那样只在我认为它们活跃的时段造访。

没想到借着追踪小红王子的机会，在接下来的两年里我又陆续结识了观察地内其他几只比较有特点的松鼠，它们分别是英雄妈妈"吉亚"、左脸有个肿瘤的鼠妈"长耳朵"、洋气漂亮的鼠妈"莱德"。它们体色差异较大，这让我比较容易辨认，然后展开跟踪。

过程中，尽管只能肉眼识别，没法像利用无线电设备追踪（给松鼠佩戴无线电发射器，人利用另一台信号接收机进行寻找、追踪）那样高效、准确，还时有跟丢、认错的情况发生，有时甚至一连几次整日找不到某只个体，但就是这种力所能及的跟踪，一趟趟下来积少成多，所见所闻仍令我耳目一新。

对个体进行追踪后，我不用再像过去那样脑补信息空白区，靠亲眼所见的内容就能连成线。渐渐地，我了解到：松鼠日常生活区域并不像之前想象的那么固定；有的松鼠家住山南，每天为了解决吃饭问题要一路奔袭到山北；夏日里，松鼠能一场午睡持续五六个小时；松鼠在吃饭问题上相当讲究，不仅会按时令安排食谱，每日的饭菜也会"荤素搭配"，少有"见到好吃的吃起来没够，管不住嘴"的情况……

个体追踪的观察方式不是观察松鼠的专利，在松鼠这里尝到甜头后，我又在鸭子、鸳鸯、鸊鷉、螳螂等动物身上故技重施，屡试不爽。即便有的物种个体因客观因素限制只能做一个观察日内的追踪（比如螳螂，如不在有限的、可控的空间区域内对其做标记研究，很难连续追踪），但这一天里的收获也常能刷新我对它的认知，让我打开新的思路，这和我过去走走看看的观察方式是完全不同的体验。

螳螂
praying
mantis

和螳螂一见钟情

　　1995 年初秋的一个晚上，街坊四邻们像往常一样坐在胡同里乘凉，天南海北地聊着。一盏并不明亮的路灯引来些飞虫，以蛾子为主，也有草蛉、蚱蜢之类。突然，一个大家伙吸引了孩子们的注意，只见它并不很快地扇动着翅膀，最后"啪嗒"一声落在路灯下的墙壁上。

　　是螳螂！孩子们立刻凑了过去。那会儿，在稍大些的孩子们看来，蚂蚱难入法眼，扑棱蛾子更是不入流，只有威武的螳螂才能引起关注。小伙伴们七嘴八舌地支招儿，讨论该如何将其捉拿（因螳螂前足有很多细刺，弄不好就会被它夹破手指，所以通常比较流行的方法是用手指掐住它的"脖子"，这样两把大刀就无法伤人了。我后来对螳螂了解多了才发现，实际上它们的捕捉足可以一定程度向后反转，用此法捕捉，稍有不慎手指仍会被其尖刺钩住，而且会更加疼痛）。

　　此前，我对昆虫并不太感兴趣，对螳螂更是一直有些忌惮，

不敢亲密接触。想不到这次鬼使神差般的心血来潮，竟会以恳求的口吻把它从别人手中要了过来，然后放到院里的金银花上，准备明天白天再仔细观察。

转天一早，我刚起床便迫不及待地去金银花上找那只螳螂。它还待在原处，当我凑近后，它竟然扭过头来十分专注地看着我。这还是我首次和自己此前比较怕的虫子于超近距离面对面。它那对水灵灵的大眼睛里，两个小黑点在滴溜溜乱转。静止状态下的螳螂让我消除了几丝惧意，而多了些许欣赏。片刻后，它微微左右晃动了几下身子，转回头恢复了之前的姿态，接着开始用两把大刀做起洗脸的动作来。这一举动彻底撩动我心，没想到一只昆虫竟有如此细腻的行为举止，而且姿态极为曼妙。霎时间，我感觉它身上散发出一种刚柔并济的气质，当即就抄起铅笔纸张为其画了幅速写。

由于马上要去军训，我没能继续养它，等回来之后它已离"家"而去。不过，经历了这次短暂的相处，我和螳螂间的情缘种子已然埋下，并于转年夏末正式萌发生长，随后一发而不可收。时至今日，我依然爱之如初。并且，在螳螂的引导下，我对昆虫的兴趣也渐入佳境。

螳螂捕蝉，不是传说

成语"螳螂捕蝉，黄雀在后"在广大人民群众中的知名度颇高，许多七八岁的小朋友都能脱口而出，毕竟它上过语文课本。但如果要问有谁真见过螳螂捕蝉，估计大多数人都会给予否定答复。既然"听说过，没见过"，那这成语内容的真实性是否可靠呢？先放下"黄雀在后"不提，咱就单说说"螳螂捕蝉"吧！

早先，针对这事儿我还特意问过些大人，也查询过一些信息，说法五花八门。越是这种听说过没见过的话题，往往越容易有多种版本的演绎。有人觉着这是种文学修饰、艺术加工，实际上螳螂那竹竿身材根本搞不定蝉；有人认为自然界就是一物降一物，别看螳螂瘦，但是能克蝉；有的传闻甚至把这事儿描述得十分具体鲜活，说螳螂能用锯条一样的前足把蝉的硬壳锯开，吃掉里面的肉；还有给附加上功夫成分的，说螳螂善于避实就虚，靠灵活的身法躲过蝉的反击，后发制人……

好吧，咱们还是现实点，我常说"自然的问题要到自然中去寻找答案"，下面就来捋一下我个人在"螳螂捕蝉"这个问题上由人为操控到自然观察的经历及所得。

本人第一次见到螳螂和蝉面对面，是在 1994 年的 8 月，虽然具体日期我有些模糊，但情节依然历历在目。那是一次人为事件，路边一男孩用两只手分别捏着螳螂（中华大刀螳）和蝉（蚱蝉），把蝉往螳螂嘴边送，螳螂死活不吃。当时我骑车而过，也没太在意。毕竟，那会儿我对螳螂毫无兴趣，也认为螳螂捕蝉是艺术加工的产物，骨瘦如柴的螳螂哪有力气对付粗壮硬核的蝉啊！

可连我自己也没想到，一年之后我竟然鬼使神差般地陷入对螳螂的迷恋而不能自拔，接着于次年正式开始饲养观察。自此，我慢慢见识了螳螂骨瘦嶙峋的身躯下蕴藏的强大力量。尤其是像成体雌性中华大刀螳这样的大个子，堪称虫国猛虎。无论我提供的是能跳善蹬的蟋蟀、蝗虫，还是大翅膀扑棱扑棱的蛾子，它都照单全收，就连混不吝的大块头蝈蝈也会被其斩杀。要知道，蝈蝈身长虽不及螳螂，但要粗壮得多，还有可怕的"死亡拥抱"战术和恐怖的大牙，它抱着蚂蚱啃咬的劲头可比螳螂猛多了，两条后足爆发力十足，在和螳螂的对抗中猛蹬一下就能将对方身体带起老高。

接连经历了两个螳螂饲养季，观战了数场 PK 后，我对螳螂的搏杀能力刮目相看，不过有些遗憾的是，我总是阴错阳差地无缘撮合螳螂和蝉的角逐，内心也依旧对这个问题持犹疑态度。毕竟和其他那些猎物比起来，大块头的蝉有点特殊：一来它猛烈振翅的力度可能让螳螂无法招架，二来它的装甲外壳既硬又滑，会令螳螂难以下口。但想象终究不能替代现实，我必须找机会验证一下。

终于，高考后的那个暑假，因为能有时间"全身心"为螳螂搜罗食物，机会终于来了。8月初，我在院门口的小树林捡得一只活动力不强的炸蝉，欣然把它请回家，献给了养在石榴花上的那只雌性中华大刀螳。捕捉过程波澜不惊，螳螂只是常规性地出击就夹住了蝉，然后低头啃咬。而蝉几乎没有什么反抗，仅在螳螂啃得太"过分"时偶尔撩动一下翅膀，似乎表示它还没彻底屈服。如此看来，蝉的硬壳对螳螂来说并不是什么坚不可摧的铠甲。不过，螳螂捕蝉难道就是这个节奏？我想正当年的蝉应该不会如此吧，要不然那也太没劲了！传说中蝉的反击又在哪里？

看来，想见识"真正"的螳螂捕蝉，指望我捡的那些掉在地上"回光返照"的蝉是无法胜任的，必须到自然中去看原生态的捕猎过程，才能揭开真相。

然而，现实中想看到螳螂捕蝉并非易事，尤其是在人较多的地方，树下方干扰较大，以至于蝉栖居的位置通常都比较高。而我站在树下仰望，虽能寻得蝉踪，但要想长时间观察也不现实，用不了一会儿我就脖子酸痛头晕目眩了。更何况，上层枝叶繁茂，遮挡严重，就算是有幸亲睹现场也很难清晰明了地看个明白。直到来北京上大学后，我才终于找到比较理想的观察环境——近郊山区。

在山上，常见的螳螂有两种：广斧螳和中华大刀螳。前者多

1~

2~

3~

4~

1 – 螽蟖。

2 – 蒙古寒蝉。

3 – 鸣鸣蝉（斑透翅蝉）。

4 – 蚱蝉。

5 – 螽蟖个体小，大龄的螳螂若虫就能对付它。

5 –

分布于灌木和乔木上，后者多在草丛和灌丛环境。而在同一地区，因少有人来往，蝉的位置不再局限于高处，通常从一人来高的位置往上，都普遍有蝉栖居。这里（山区）常见的蝉有四种，按个头从小到大依次为：螽蟖、蒙古寒蝉、鸣鸣蝉和蚱蝉。论数量，鸣鸣蝉最多，蒙古寒蝉最少。其中，鸣鸣蝉不仅量大，栖息的高度也最为宽泛，从近地面处到树冠之颠都很常见。如此一

广斧螳（图中所示）或中华大刀螳捕捉鸣鸣蝉，是北京山区夏末秋初最为常见的"螳螂捕蝉"情景。

来，这些蝉和螳螂的分布环境几乎相互重叠，彼此相遇的几率非常大。此外，由于山区的特殊坡度地形，如果以山路为基准，位于坡下方的大树其高度实则大大缩水，我站在路边正好能近乎平视地看到这些树的中上层。而对于那些长在路边和坡上的树，则是中下部比较好观察。这样一来，观察的"生态位"更为丰富，遇到螳螂和蝉PK的机会也就更多一些。从每年7月开始，一直到9月中，我总有很多机会见到螳螂捕蝉。

蟪蛄最先登场，每年5月末就陆续从土中钻出羽化。虽然蟪蛄的个头还不及我们小拇指第一节大小，不过此时螳螂也才刚刚相继出世，个头不足1厘米，根本不可能去抓蟪蛄。随后6月末，蚱蝉开始出现，它是这四种蝉中的"姚明"。此时，有的螳螂若虫经两三次蜕皮，个头大了许多，但仍不足以捕捉蟪蛄，更不用说对付蚱蝉了。进入7月中旬，鸣鸣蝉的大部队出现，而螳螂捕蝉的好戏也终于开场。这会儿，大一些的螳螂若虫（5龄、6龄）已能捕捉蟪蛄，甚至有个别长得快的末龄（7龄）若虫能拿下鸣鸣蝉。8月，大戏的高潮逐渐到来。前半个月，这四种蝉都比较活跃，而螳螂也陆续羽化为成虫，大块头自然有大胃口，此时它们有足够的力量和意愿去尝试大型猎物了。让我没想到的是，比中华大刀螳小一些的广斧螳在捕蝉方面同样表现不俗，从蟪蛄到蚱蝉都能对付。进入9月，母螳螂怀孕待产，捕猎欲望攀至巅峰。不过此时，蝉已开始悄然衰败：蟪蛄消失，其实早在半个月

前就所剩寥寥；本来在山上就不常见的蒙古寒蝉也不见了踪影；
蚱蝉油尽灯枯；只有鸣鸣蝉还有些残兵坚守着，继续为解决螳螂
午餐问题做出贡献。

　　至于蝉的反击能力，其实说是挣扎更为贴切，因为它并没配
备具一定伤害性的武器，不如螽斯会咬，也不似蜂类能蜇。尽管
如此，可蝉毕竟吨位在，身大力不亏，而且还有坚甲护体，相持
过程倒也异常精彩。

　　蝉被捕后会拼命振翅想要挣脱，力量极大，能带着螳螂的整
个身体剧烈摇摆甚至使其扭曲。加之蝉有铠甲护体，螳螂很难快

速破防，所以这个相持的过程有时会格外漫长，颇有看头。但蝉毕竟没有实质性的利器，这种反抗只会令螳螂进餐过程不太舒服，却鲜有能给对方以疼痛威慑。除非是大猎物遇上了小猎手，能靠挣扎的力量强迫其放弃，否则只要螳螂不"手滑"（有时会出现夹合位置不好而脱手，或是只夹住翅膀、经蝉一挣扯断翅膀逃身的情况），即便双双坠地，结局也基本不会有太大改变。

公蝉更容易被捕捉？

　　常有人向我咨询，如何才能看到螳螂捕蝉？曾有一段时期，但凡遇到类似提问，我都会颇为得意地将自己的"听声"秘笈倾囊相授！

　　的确，夏末秋初，在螳螂捕蝉最高发的季节里，要想亲睹这"闻名已久"的捕杀现场，除了碰运气外，"听声"寻踪是个极为有效的办法。在这个时段行走林间，几乎整日都会伴着蝉鸣，声音时而节奏明快齐整，时而嘈杂刺耳。若突然有某个乐手脱离合唱的步调，站在原地来了一大段音量倍增、节奏焦急的 solo，那它多半是发生了意外，很可能惨遭毒手，行凶者有时是胡蜂、灰喜鹊之流，但最为常见的是螳螂。胡蜂会用螯针猛刺，蝉被刺中便瞬间熄火，不会再继续嚎叫；而灰喜鹊嘴脚并用几下就能将蝉拆解，还会叼着挣扎的蝉飞行，所以蝉的哀嚎声会不断变换位置轨迹；而螳螂则是靠两把折刀（捕捉足）将蝉夹住，然后伺机啃咬，过程很是缓慢。特别是在最初的僵持中，蝉疯狂振翅挣扎

1～　　　　　　　　　　　　　　　　　　　2～

会引起强烈的震荡，常令螳螂不便下口，螳螂只能夹住蝉任其折腾，所以蝉能够长时间地"嘶吼"，声音传来的位置也就会非常固定。

　　这个方法应用起来十分有效，曾一度让我屡试不爽。但也有疑问随之而来——有多位朋友应用此法初获成效，可每次看到的都是雄蝉被捕，于是便问我螳螂是不是更爱捉雄蝉。

　　后来，我粗略回忆了下自己的经历，看到过的螳螂捕蝉案例中好像确实只抓过雄蝉。我对蝉并无太多了解，感觉它们平时似乎不太爱动，倒是雄蝉鸣叫时腹部会跟着伸缩抖动。想到"螳螂通常对静止的东西几乎视而不见"这一特点，难道是雄蝉鸣叫时的这点小动作使其更容易被螳螂发现，进而招来杀身之祸？粗看起来，如果以此理由宣告本案终结似乎也没毛病，毕竟这个逻辑听起来合情合理，又和当时看到的情况相吻合。不过，我又总感觉这里头有些蹊跷，似乎某个环节出了问题。经过环环排查细抠，我发现断案过程果然存在重大纰漏——用听异常叫声的方法来找

1 - 螳螂无法快速杀死蝉，捕到蝉后会有一个很长的
僵持时段。这期间，蝉会拼尽全力挣扎，发出持
续的振翅声，雄蝉还会竭力嘶吼，这些是很容易
获得的线索。

2 - 胡蜂捕蝉时，若遇猎物激烈抵抗，常会动用螯针，
只一下就会让其哑火。

螳螂捕蝉，看到的受害者当然只能是雄蝉，因为雌蝉它不叫啊！
顺着这条线索再深入思考：真实情况到底是怎样的？到底是不是
雄蝉更容易被螳螂发现？雌蝉真的能幸免吗？蝉又是在什么情况
下被螳螂捕捉到的？……许多相关问题一股脑儿全涌了出来。

　　要想找到尽可能接近真相的答案，只通过"循声"方式已无
法满足破案需求，必须改换侦查策略。首先，我想到的是要在寻
找过程中摆脱对声音的依赖性，放慢巡查步速，将视觉搜索的比
例提升。因为若雌蝉被捉，尽管也有激烈挣扎，但并不会发出持
续的惨叫，只有翅膀扇动的扑棱声。而在蝉鸣嘈杂的季节，振翅
声很容易被震耳欲聋的蝉鸣掩盖。所以，我必须逐棵树仔细排
查，这样才能增加视觉信息的摄入量，尽量少错过雌蝉被捕的
案例。

　　果然，调整了搜寻方式后，调查结果开始发生变化——螳螂
捕捉雌蝉的次数有了显著提升。慢慢地，一次次累计后，在受害
者名单中，雌雄比例已相差无几。这些增加的案例，几乎清一色
属于"听叫快找"方式容易遗漏的情况。它们多数都是被震耳欲
聋的蝉鸣所掩盖，其中不乏雌蝉经激烈挣扎后逃脱的案例，而在
以往，雄蝉发生类似情况时，却因其"能嚷嚷"而被发现并记录
在案了。此外，也有的是处于战局尾声，蝉已被吃空，根本不会

发生声响，不过通过存留的外生殖器依然能判断其性别，其中被捕者雌雄兼有。

既然事态发展至此，干脆一不做二不休。接下来我执行了更为"变态"的观察方式——几乎全天就是在几棵树下死磕。因为我不单想要看到结果，更渴望见证过程，看看螳螂捕蝉的全程是如何推进发展的，蝉又究竟是在什么情况下被捕的。虽然这种观察方法体力消耗极低，有时一天下来我在山上实际观察的位移距离不足 20 米，但对耐心的摧残却飙至顶峰。试想一下，从早到晚，耗时 12 个小时左右，就对着一棵或相邻的几棵树干瞪眼，那会是什么状态，这听起来就感觉非常枯燥。不过这对于我来说并不算什么，好像我从小就习惯了这种慢节奏。沉浸在这种散漫的气氛之中会让我感到非常松弛，也很享受，更何况自然剧场里实际的剧情发展远比预期的缤纷多彩。全天下来，在一棵大树舞台上，真可谓是好戏连连，你方唱罢我登场。

当然，我不是随便找棵树就死耗一天，那样有些太过漫无目的了。通常，我要找蝉比较集中的树作为主要监测场所，最好上面还有螳螂栖息。这种情况下，一天下来，基本不会零收获。有时为了扩大些战果，我也会顾及下周围的树，如果有蝉被捕捉的动静，我便找至现场将细节记录下来。除了记录凶手和猎物的种类、性别，我还将发现方式（听声、看到）、捕猎地点距我发现时所在位置的距离、案发地距地面高度、狩猎进程、现场噪音强度等信息也一一记下。

这种看似"浪费时间"的观察方式让我收获颇丰，几次全天

蝉的日常生活其实并不似我想象的那般沉稳。通过长时间的定点观察，我发现它们在繁殖季节十分活跃。雌蝉会循声求夫，雄蝉会对异性纠缠不休。有时，会有好多只蝉聚集一处、不停走位，情敌间相互推搡、拍打。如此大的动静非常容易将附近的螳螂吸引过来。

候下来，我不仅看到了捕蝉全程，还对蝉的行为特点有了初步了解。与往日里的印象不同，蝉并不是终日原地不动。相反，除了较长时间埋头畅饮时比较安静、纹丝不动像死了一样之外，蝉的表现也还算得上比较活跃，就是速度慢而已。虽然雄蝉通常是在舞台上定点高歌，但边走边唱的情况也并不少见，而且就算在一个地方驻唱，几个曲目唱罢后它常会换个地方再开嗓。至于雌蝉，也同样不太安分，毕竟"出土"羽化后的重要任务就是交配繁殖。所以，它们经常会穿飞于枝杈间，循着雄蝉的召唤寻找如意郎君。有时，在树枝上的一个很小的空间范围里，多只蝉你来我往的，还会有"情敌"间的排挤推搡，雄蝉也会尾随雌蝉在树上转圈圈，这些都比雄蝉鸣叫时那腹部的振颤动作明显多了，很容易将附近的螳螂招至跟前。

随后，我将几次观察的数据信息整理归纳发现，若单看遇害蝉的性别一项，依然是雄性数量遥遥领先，但如果将通过惨烈叫声发现的周边案例去除，结果就是另一番景象了：虽然不同观察这只广斧螳大腹便便，应该并不十分饥饿。在遇到鸣鸣蝉时，它显得犹豫不决。蝉可能也有所察觉，于是开始主动"出击"。广斧螳渐渐后退，甚至前足摆出半防御姿态。不过当蝉停止前行，转为后退时，广斧螳似乎又有些不甘心，开始试探着接近，欲行捕捉。蝉立刻再次转守为攻。就这样，双方你来我往几个回合后，蝉"玩腻了"，扑啦啦飞走了。

日里，被捕的蝉中有时雄蝉稍多，有时雌蝉数小小领先，但整体来说并没有特别突出的差异，能让人看到后得到明确结论。不过随着时间的推移，雄蝉先衰，故去个体增多，而在此过程中螳螂捕捉雌蝉的比例会逐步提高。这也多少从侧面印证了我之前的推断——单靠听叫声得到的结果并不靠谱，因为雄蝉被捕后那种撕心裂肺的怒吼实在是太容易被发现了。

此外，通过死守，我还多次收获了"螳螂 vs 蝉"交锋的全程战况，有的剧情一波三折，甚是过瘾！

首先，蝉确实能靠"以静制动"的方式化险为夷，虽说不能排除这是它们的无意之举，但此类情况的确时有发生。在蝉较为密集的地段，有时螳螂盯上一个目标后便悄然接近，然而潜进距离较远，途中所经之处也会有蝉驻足。不知出于什么原因，有的蝉即便在螳螂从自己身上踩过时都纹丝不动。最初我以为它死了，后来发现非但没死，而且还很有活力。但这么一来，由于螳螂对静止的东西十分不敏感，它丝毫没有察觉到这只蝉的存在，一路前行，去舍近求远。

除了以静制动，蝉有时也会虚张声势，当然这么做会比较冒险。我并不清楚蝉是否能察觉到螳螂捕猎欲望程度的差异，不过现实中，确实常能看到如果螳螂接近蝉时表现出犹豫不决的状态，那蝉就会变得强势起来。若螳螂有打退堂鼓的倾向，蝉会更

加得寸进尺，顶着螳螂迎头而上、正面硬刚。蝉这么一诈唬，有的螳螂干脆掉头跑开，此次交锋便以蝉大获全胜宣告结束。不过，有时螳螂似乎心有不甘，只是缓慢倒行撤退，这种情况往往最有看头。经常是蝉在冒进一段距离后"见好就收"，向前推进的脚步戛然而止，接着转为小步后撤。此时螳螂的捕猎欲望又被蝉的"胆怯"重新点燃，开始举刀前行。蝉见势不妙再次转守为攻……双方你来我往数个回合。一般来说，这种状态下的螳螂肚子不饿，而僵持结局通常也不会有实质性的肢体冲突，要么螳螂最终放弃，要么蝉"玩腻了"一飞了之。

其实，类似这样的情景在动物纪录片中并不鲜见——狮子和野牛你来我往，豹子和野猪反复周旋……真是不胜枚举。所以我一直主张别放过身边的精彩，在这些常见动物邻居的生活里，都能找到与纪录片中剧情类似的篇章。不需远行就能欣赏大片，何乐不为呢！

整体认知 & 局部认知

　　初养螳螂那会儿，我常竭尽所能为它们提供不同种类的食物：蝗虫、蟋蟀、螽斯、蛾子、苍蝇、甲虫甚至蜂类……为的就是看看它们面对各种猎物时有什么不同的举措，有点像现在比较流行的虫族"斗兽"。不过，我并不是将螳螂和对手一起放入四面光滑的玻璃缸擂台中让它们比武，而是用大容器模拟自然环境，搭配好植物，然后将螳螂养于其中，定期为它提供不同的猎物。或者，干脆就将螳螂散养在纱窗及院子里种的花花草草上。对螳螂来说，纱窗虽为人工产物，但可能因其便于抓稳落脚，它们还算比较乐意待在上面；而那些花草更受螳螂喜爱，本身它们在自然状态下就是埋伏在这类地方。随后，我或将猎物一同散养，或临时性放在附近，看它们自然 PK。

　　经过一段时间的试验，我大致摸出了规律：猎物体型越大则越容易引起螳螂畏惧，而螳螂的胆量也会随着饥饿程度的增加而提升（这仿佛也是动物的共性，在饥饿的驱使下时常铤而走险）。不过这是常规状况，也有一些案例的剧情比较扑朔迷离。比如1998年暑假里，中华大刀螳和暗褐蝈螽的那次经典对决。

当时，为了试探纱窗上那只雌性中华大刀螳的狩猎能力，我一连两天没给它提供食物。看到它肚囊渐收，我感觉时机已到，随后为其献上一顿大餐——一只雌性的暗褐蝈螽。至今，我还依然清晰记得当时的场景。

随着蝈螽开始在纱窗上漫步，螳螂果断察觉，并用四条行走足将身体慢慢支高，同时扬起前胸。见此状，我开始有些顾虑——螳螂一旦摆出这个架势，说明它已或多或少心生畏惧，而不是纯被杀心所占。不过也不能就此断定它将落败，因为螳螂遇到旗鼓相当的对手，有时也会先通过肢体动作恐吓一番，然后才发动攻击。这次，它又会如何呢？

虽然螳螂架高了身体，但前足并没有完全摆出恐吓姿态，只是象征性地向外展开一些。随着蝈螽靠近，它并没有将前半身扬得更高，而只是处于全攻和全守之间的姿态，看来或许还有希望。

蝈螽很快发现螳螂，它停住了。此时，虽然蝈螽尚在螳螂攻击范围之外，但两虫已经四须相触，开始"文斗"。蝈螽那对超长的触角让它看上去显得格外自信，而螳螂则保持着之前的谨慎，双方都在仔细地打量对方。

从这蝈螽的体型来看，虽然非常壮硕，但并未超出这只螳螂的狩猎极限，甚至还没它之前捉的东亚飞蝗个头大。不过螳螂如此小心翼翼，估计已感觉到来者不善，毕竟蝈螽也是个嗜肉成性的狠角色，加之自己也没饿到火候，所以在攻守间犹豫着。只见两者频繁抖动着触须，像是大战前礼节性的搭手。最后，还是螳螂率先出招了，不过并不是捕猎，而是驱赶。从出击类型和坚决性来看，能明显感觉到它是想告诉蝈蝈"别再靠近了，我不是好惹的"。当然，螳螂在面对令自己畏惧的敌人时也会如此虚张声势一番，然后趁对方一愣神的工夫赶紧开溜。此次，它这一下子就把蝈蝈掀翻，令其从纱窗上掉了下去。

虽然捕猎没能实现，但我心里尚有一丝不甘，琢磨着会不会是蝈蝈那超长的触角让螳螂有些发怵——明明对方还在攻击范围之外，怎么它就触碰到自己了？即便是在螳螂饥饿并全力狩猎的时候，若遇到这种情况，它也有可能改变主意打退堂鼓，这似乎表明它并没有完全摸清对方实力，不敢贸然出击。类似情况以前也发生过，当螳螂准备扑击前，正在注视着猎物，此时如果用根小草碰下它的身体，可能会令其倍感不安。不知是不是螳螂把这个接触和猎物本身关联到一起，觉着："明明你看起来没多大，怎么距我那么远就碰到我身上，难道是我眼花啦？或是你有什么秘密武器？"

通常，螳螂在一次驱逐防御性的攻击结束后（也包括因螳螂力量不济，虽坚决出击，但仍被猎物强力反抗挣脱的情况），如果对方再来靠近，它就有可能选择回避甚至逃跑，这在后面《恐惧的积累＆犹豫不决》一篇中会详述。虽然在当时我也知晓这一内情，但我还是想再尝试一下。不过这次，我用剪刀剪短了蝈蝈的触角，然后又把它放到纱窗上距离螳螂较远的地方，以免因

我突然在过近距离内放置猎物的动作引起螳螂恐慌，接下来就是让事态"自然"推进。

让我意想不到的是，蝈蝈照旧愣头愣脑地前行，而螳螂发现对方后，也还是老套路，先转动头部死死盯住，不过这次没有了双方互击触角的热身，螳螂显得坚决多了。最后它在对方尚未进入常规攻击距离时就猛然将身体"弹射"出去，瞬间把蝈蝈夹于折刀之下。随后的过程不可谓不精彩，但确实没有先前的"心理战"过瘾。这只母螳螂也是身大力足，单凭力量就将蝈蝈大腿的踢踹反抗硬压了下去，并且用一把折刀夹住蝈蝈上颚（人们常称其为"大牙"），冻结了这对最具杀伤力的武器。没过几分钟，蝈蝈的头部、前胸就被啃出了一个大洞……

此事让我更加好奇：猎物在螳螂眼里会是哪般模样？猎物身上的"附属物"会不会对螳螂造成认知误导？仅通过观察，对这类问题我可能很难获得完美答案。不过，丰富的案例还是能够让我了解一下，螳螂在面对大大小小、真真假假的不同猎物时，通常会有哪些表现规律。

结合多年观察的实例分析，我能比较肯定地说：螳螂确实无法准确辨别真假猎物。饥饿时，对于从身边经过的物体，只要大小合适，即便是个昆虫模型，它也照样会发动攻击。甚至有时，螳螂会破天荒地一路"狂奔"，非常执着地追猎一片在地面上滚动的落叶，或是十分专注地捕捉一枚被风吹晃的花苞。完成捕捉后，它还会饶有兴致地低头啃咬一番，直到发现"手"中攥握的并不是食物才会略显不太情愿地慢慢放开（这个信息会在《折刀夹合联动啃咬》一篇中详细介绍）。

这样看来，螳螂有些傻。不过当真的猎物出现时，螳螂又会显得非常老到。除非饿昏了头，否则它通常都能对其大致的身份类型和实力做一个比较客观的评估，以此来指导自己下一步的进退攻防。这也许就是长期演化过程中，印刻在它们基因里的本能在发挥作用吧。

当螳螂遇到超过自身体量一半的大个子凑过来，如果对方是有一定杀伤力的角色，比如螽斯或者其他螳螂，那它第一反应通常就是提高警惕，准备随时开启恐吓模式。若对方只是单纯个子大，而并没有什么兵刃，也不会"功夫"，比如反抗能力较弱的蚱蜢，或者除了扑棱翅膀没有任何其他反击措施的蝴蝶、蛾子之流，那螳螂又会变得兴致勃勃。有时，对方个头虽小却武力超群，甚至还带毒液加成，比如蜂类，那螳螂同样会表现得十分忌惮。

不过，螳螂这些"理性"的智慧表现往往是有前提条件限定的，这需要对手比较完整地暴露在它面前，否则误判便会上演，严重的甚至招来杀身之祸。

我曾不止一次地看过当大型胡蜂（如金环胡蜂、黑尾胡蜂等）正在树洞里埋头"工作"（啃木头）时，身后有螳螂悄然靠近，对其露在树洞外那半截微微颤动的腹部跃跃欲试。但当胡蜂忙完，抬起头将整个身子暴露在螳螂面前时，螳螂立刻打消了捕猎的念头。毕竟，这可是个物理攻击和化学攻击都一等一的家伙，防御力还超强。会不会是螳螂想攻其不备？可能性很小，因为在几个案例中，螳螂还是若虫，个头很小，根本不会把这类大型胡蜂当作猎物（其实，即便是螳螂成虫，也很难对付大型胡蜂，无论硬杠还是偷袭：抓其头胸会被对方尾部螯针毒死，抓其尾部会被对方大颚咬死，所以螳螂会本能地回避和它们的冲突），也就无从谈及偷袭了。更可能的情况是，螳螂有些管中窥豹，并没有将眼前的"猎物"和它的真实身份对上号，做出了错误的判断。

误判的危害有时并不致命，仅仅是令螳螂看起来有些"囧"而已。我曾看到过一只2龄的中华大刀螳若虫被霓纱燕灰蝶后翅上来回舞动的假触角所迷惑，从隔壁叶子上兴冲冲地一路跋涉而来。等走到跟前，它依然紧盯着那对上下舞动的"触角"打量。突然，燕灰蝶转了个身，小螳螂为之一惊，犹豫了下最后还是取消了狩猎计划，场面好不尴尬。

1 -

2 -

1 - 几只黑尾胡蜂和金环胡蜂轮流到访一处，在那里啃咬木头。这动静吸引了树干上一只雌性广斧螳的注意，它悄悄靠近过去。由于树干的遮挡，广斧螳可能只看到了胡蜂颤动的腹部，这让它有些蠢蠢欲动。

2 - 不过，当胡蜂全身亮相时，广斧螳一下子就被对方的气场震慑住，吓得赶紧躲到树干背后。否则贸然出击的话，弄不好自己就要被胡蜂做成"肉丸"了。

1 -

2 -

可误判一旦没有运气的眷顾,螳螂的境遇就十分不妙了。曾有一次,我发现中华大刀螳若虫和白斑猎蛛"同框",接下来的剧情对小螳螂来说真是"不作不死"。当时,白斑猎蛛正从叶子背面缓慢向上攀爬,小螳螂注意到它伸出来的半截腿而欲靠近捕捉,但很快猎蛛全身都翻上叶子正面,小螳螂立刻意识到这个家伙不是自己的菜,随即显露出准备撤退的意图。偏偏这个时候,猎蛛停了下来,整个身体瞬间"石化"。静止片刻后,它开始上下摆动头前那对很小的触肢。可能在小螳螂眼中,这两条摆动的触肢像极了扭动的小虫,它又鬼使神差般地开始向前移动,瞄准了"小虫"。结果,它刚迈出没两步,猎蛛探测出距离合适,在一个飞跃瞬间拥抱了小螳螂,咬住它的身体并开始注射毒液,战斗瞬间结束。其实,在小螳螂第一次做出撤退决定时,它本是有足够的距离和时间逃脱的,但对猎物的误判让它送了命。

我确实会因类似事件而对螳螂的莽撞心生些许遗憾,不过转

3 ~

4 ~

5 ~

1 ~ 最初，小螳螂被霓纱燕灰蝶舞动的触角吸引过来，以为那是顿可口的午餐。

2 ~ 但当对方转身时，小螳螂才发现不对劲，被吓住了。

3 ~ 随后，霓纱燕灰蝶身体再次静止，只扭动着身后的"触角"，小螳螂的捕猎欲又被燃起。

4 ~ 它凑过来瞄准了对方的"触角"，眼看就要发动最后一击。

5 ~ 此时，霓纱燕灰蝶再度转身，这下把小螳螂吓得直接打消了捕猎念头。

而一想，对于我们自己来说，很多问题又何尝不是呢？单凭局部来判断整体确实是个非常困难的事儿。所以，也不用对螳螂要求过于苛刻了，或许自然设计师就是要让它们存在失误，这样才有机会"两全"。

恐惧的积累 & 犹豫不决

　　来说说螳螂的恐惧心理吧！我不知道用"恐惧"这个词是否恰当，但就其表象来说，看上去它确实就是"害怕"了。什么情况会让螳螂产生恐惧？天敌的出现、栖居的植物发生突如其来的晃动等都会让螳螂感到害怕，进而摆出隐匿或恐吓姿态，甚至直接仓皇而逃。

　　有趣的是，螳螂的恐惧心理和饥饿程度是负相关的。初看起来，这似乎很容易理解，食肉动物平时通常猎杀大小合适、容易得手的猎物，但饿极了就变得胆壮起来，会向体型更大的目标发起攻击。从另一个角度来说，这种勇敢也是被饥饿激发出来的。但这并不是食肉动物的专利，想想看，冬天食物匮乏时，公园里的麻雀会壮着胆子凑到游客脚边啄食他们掉落的食物残渣，类似这样的事例不胜枚举，同样也反映出"勇敢"和"饥饿"的关系，其反面就是"恐惧"和"饥饿"的斗争。

　　螳螂也不例外，捕食的欲望和胆量都受饥饿程度调控，大多

1 - 面对超大型的棉蝗，中华大刀螳通常会选择"恐吓＋避让"。

2 - 不过如果饥饿难耐，它也会放手一搏，有时确实能收获成功。

数时候它们更愿意选择吃"家常菜"，安全、稳妥。不过即便如此，吃便饭也并非总能十拿九稳，意外情况在所难免。如果失误接连发生，同样会对螳螂产生打击，影响可能发生在两个方面：一是心理上的自信挫败，二是生理上的体能消耗。轻则会令螳螂在紧跟着的补充性攻击中显得犹豫不决，严重的则能让螳螂表现出类似恐惧的状态，对再次送上门来的晚餐选择退而避之。

养螳螂若虫时，我常把苍蝇作为它们的主食。每天我都要频繁光顾垃圾桶周围，用手抄住落着的苍蝇，然后小心翼翼地将它装入离心管中，盖好盖子，接着去捉下一只。等捉够了带回去，将离心管半掩着盖子直接扔进养螳螂的容器中便完事大吉。如果一切顺利，小螳螂捉住苍蝇根本不费什么周折，而且能快速将其控制住，不会让它"嗡嗡"个不停而影响自己进食的心情。可偏

这只棕静螳竭尽全力摆出恐吓姿态，目的是吓退
一只步步逼近自己的广斧螳。如不在现场，我很
难相信，两者相持了 40 多分钟后，细瘦弱小的棕
静螳靠勇敢和坚持击垮了广斧螳的自信，让后者
选择了放弃。

1 - 饥饿让这只广斧螳若虫胆量倍增，甚至有些自负。这次，它将点蜂缘蝽这块硬骨头视为捕捉对象。

2 - 它自信满满地凑了过去，丝毫不犹豫。

3 - 猎物已在射程范围内，广斧螳准备发动最后攻击。

4 - 纵然它勇气可嘉，但对方身强体壮，已非它能掌控之物。缠斗中，点蜂缘蝽一脚就将小螳螂踢开。

偏有时候，或许是遇到"苍蝇精"了，猎物总能在螳螂出击前幸运地飞开。一次两次尚好，螳螂还能抖擞精神重新再来，若有个十次八次的失手，小螳螂就会渐渐撑不住了，面对再次爬过来的苍蝇变得有些木讷，即便出击也成了慢动作。苍蝇无论体型还是武力值，都不会对小螳螂有多大威慑力，或许就是自信心的打磨和体力的消耗让它变得如此优柔寡断吧。

最初，这些"结论"是基于对封闭空间内的饲养个体观察所得。后来，我想尝试着去探察下野生的螳螂会不会也有类似表现。自然状态下，螳螂捕猎通常不会遇到久攻不下的情况，一次失手后，猎物的逃生空间很大，不会用性命做赌注，接二连三地去挑战自己的运气和螳螂的能力，所以下一次攻击的机会很难马上出现。为了解决这个问题，我首先想到的就是寻找隐藏在花丛间的螳螂，然后在附近守候，观察它捕猎的情况。因为我怀疑，在这里即便螳螂捕猎失手，这些吸蜜昆虫也会禁不住花蜜的诱惑而快速返回。这种等待观察对我的耐心来说也是个极大考验，所幸几次尝试都能有所收获。

我通常选择益母草作为主要观察阵地，因为植株数量多且枝叶空间较大，相对容易观察，有时也会选择葎草或一些菊科

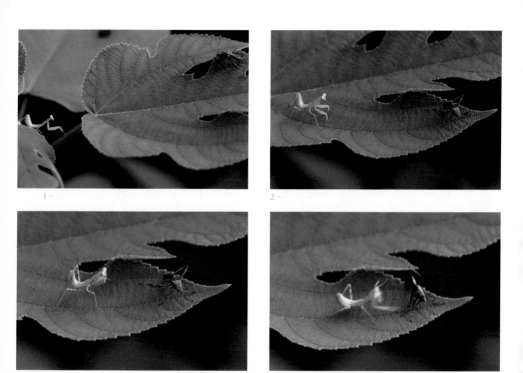

1～

2～

3～

4～

植物。每到盛花期，蜂、蝶、蚜蝇等飞虫确实会乌泱泱聚集于此，螳螂也就不请自来。虽然螳螂的猎物在这里频繁出现，但它们着陆前飘忽不定的姿态让螳螂并不太好得手。有时，眼前的场面不免让我感到似曾相识：螳螂一击扑空，猎物没走远并很快返回，但螳螂再次扑空。接下来，如果短时间内连续四五次失手，螳螂便会出现短暂的"电力不足"情况——出击犹豫、速度变慢，没有了那种电光石火的感觉，甚至捕捉足半打开着举棋不定的样子，与饲养缸内的螳螂和苍蝇反复周旋时表现出的状态一般无二。

随着饥饿程度的增加，螳螂将扩大目标猎物的范畴，一些大个子也会被纳入狩猎计划。通常来说，猎物越大、武力值越高，螳螂捕捉起来遭遇失败的几率就越大。面对大块头猎物，虽然螳螂在出击前有时显得无所畏惧，不过一旦猎物反抗并成功挣脱，螳螂的信心和欲望立刻就会遭到打击，短时间内状态难以恢复。如果猎物只是挣脱而没走远的话，螳螂有可能会发动第二次甚至第三次攻击，但通常来说攻击力度一波不如一波。有时，僵持许久仍让猎物逃脱的话，对螳螂的打击将非常大，短时间内它会变得特别敏感，也可以说是胆小。此时，即便赶巧有个不太大的家伙主动送上门来，它都有可能惊慌失措夺路而逃。

在动物纪录片中常会有这样的情节：刚独立生活的年轻狮子、花豹之类在捕猎中遇到挫败甚至受伤，解说词通常不忘说上一句"这将在它今后的狩猎生活中产生深远的影响"。的确，这些高等的食肉动物，在涉世之初要通过不断地实践并总结经验教训，来指导自己今后的生活，一次惨痛的失败足以让它日后对这类猎物心存忌惮并不断打磨提升捕猎技巧。而螳螂的情况有所不同，它们生来就是成熟的猎手，技能和经验都印刻在基因里，一降生就立即激活。而经历失败挫折后，虽然短时间内会有些负面影响，不过只要给些时间，它重启下就会将所有功能恢复如初。

前面提到过的螳螂在花丛中捕猎小型猎物失手时造成的影响，相对来说是非常容易消除的，几分钟都不用，螳螂就又会满血复活。毕竟，这种失败并没有消耗螳螂太多体力。若是在跟大型猎物对抗中失败了，抚平这个创口就需要多花一些时间。

原地死守 or 转移阵地

　　从一开始养螳螂，我就对其日常住房需求很感兴趣——想了解它的活动能力，是不是爱动，一天会走多远……了解了这些，才好在饲养中给它提供足够的空间，让它过得更舒适自在。

　　螳螂的捕猎方式通常是守株待兔模式。的确，在饲养缸里，螳螂经常能一动不动地待在原地挺长时间，特别是饱餐后的大龄个体，拖着大肚子，半步都不想挪动。不过，有时它们又不知被什么力量操控着，在挺大的饲养缸里四处乱爬，像是总找不到满意的栖身之所。而自然状态下的螳螂的生活节奏又会是什么样的呢？想解决这个问题，必须到荒野中去寻找答案。

　　不过，现实和理想总是会有所差距，当年鉴于我还在上学读书，时间很不自由，所以这种纯消耗性的观察只能先在身边尝试着开展。还好，院子里有一大丛金银花和成片的丝瓜藤可供螳螂栖息，小环境和自然中一般无二。但这毕竟只是胡同里的一小块"绿岛斑块"而已，外观看上去够荒野，实则并没有太多内涵，

1 — 褐色的螳螂待在褐色的枯叶上，初看此景，不免会惊叹这是多么典型的保护色案例。

2 — 然而，当我对其进行长时间定点观察后，发现这可能只是个巧合。过一会儿，它就挪到周围浓密的绿叶中藏身了。近年来，随着长时间定点观察的增多，类似情况时有见到。在它们眼里，环境的郁闭度可能比色彩更为重要。

"虫口"远不及郊外的河滩草丛。所以虽然螳螂待在这上面比在缸里时自由多了，但没有足够的猎物，依然要不时靠我投喂，吃饱了它们就原地不动，要是断顿饿上一两天就开始不安分起来。在真正的荒野中，它们也是如此吗？

在荒野中整日守着一只螳螂观察，这听起来似乎有些不太现实。我在很长一段时间内也觉着没这个必要，不会上来就选择一只螳螂，然后坐下死磕。后来，偶然一次被动的滞留让我改变了这个想法，虽然仅仅持续三个小时，但依然让我更新了不少认知——螳螂的生活节奏可能并非如我之前想象的那般单调。

那一次，我是被榆树侧枝上的一只广斧螳所吸引，它正悄然靠近主干，目标直指上面的一只鸣鸣蝉。我预感会有好戏发生，便停下来在两米外（不敢距离太近，怕影响事态的自然发展）静候。眼看这只广斧螳正要发动猛攻，孰料被突然飞至眼前的另一只蝉搞蒙了，以至于放弃了之前的狩猎计划，扭转身体向上爬去。不过还好，后来它在不远处缓过神来并成功捕获了一只蝉。榆树上聚集的蝉也将隔壁灌木上的一只中华大刀螳吸引至此，后者大刀阔斧很快就搞定猎物并开始享用。换作从前，遇到此类情况，我拍些照片便会离开去寻找其他模特。不过这一次，正赶上

1 —

2 —

1~

2~

3~

午饭时间，外加我也想看看是否还会有其他插曲发生，便又在原地生生待了两个小时，直到两只螳螂将饭餐打扫干净。

餐毕，两只螳螂按惯例清理了捕捉足和头部。我以为它们会拖着大肚子原地休息，没想到这二位竟然都晃晃悠悠地离开了，又退回之前的藏身处——广斧螳爬到了侧枝上叶子比较密集的区域，而中华大刀螳则钻回树旁的灌丛中，随后都安静下来。

此前我曾认为若有充足的食物供给，螳螂可能一连数日待在原处不动，就此事来看，这个想法可能有些太过主观，也有些幼稚。那在螳螂的栖居环境里，会不会也存在不同功能区域的划分，比如隐蔽区（枝叶比较密集）、狩猎区（猎物容易出现）之类，然后螳螂会对不同区域区别对待，吃饱后在隐蔽区停留时间更长些？

1 - 广斧螳为了捕捉鸣鸣蝉，来到了光秃的树干上，不过最后蝉逃掉了。

2 - 光秃的树干十分不利于广斧螳隐蔽，它自己似乎也比较在乎这点，于是掉头向上端枝叶稠密处爬去。它爬得非常专注，连路边的另一只蝉都没有发现。随后，它在树叶遮蔽处停住脚步，埋伏了起来。

3 - 一刻钟后，刚才那只幸运地被广斧螳无视的鸣鸣蝉，竟然鬼使神差般向上爬去，正中广斧螳下怀，被其生擒。

　　带着这个疑问，在后面的观察中，若发现螳螂待的地方其微环境存在明显斑块化差异，比如有花序、有枝干、有叶片之类，我便延长观察时间，想要看看它们究竟怎样分配使用这些异质的小生境。

　　虽然我不具备严格实验取样分析的条件，但在累积的观察过程中，直观上确实会有一个感觉倾向——螳螂会因地制宜，除非有某种极大的诱惑，比如光热、食物，否则它都会优先选择隐蔽性好的空间，其次才是考虑食物资源。当然，一些环境条件能够让隐蔽性和食物资源兼得，这自然再好不过了，但对光热的需求往往会和隐蔽性构成一对矛盾。

　　曾有一次，我看到一只广斧螳从它藏身的叶丛中钻出走上光秃秃的大树主干，向距它30厘米开外的一只鸣鸣蝉进军。不过鸣鸣蝉发现对方来者不善，开始后退，但并没有飞离。广斧螳逐渐加快脚步，顷刻就追至对方跟前。猛然间，它弹出了铡刀。不过攻击位置并不理想，广斧螳没能成功地夹住蝉，让它飞逃了。广斧螳静了静，"安抚"了下情绪，接着转身向上爬去。它走得很慢却很专注，以至于途中脚尖踩到另一只蝉的背上都未察觉而继续向前。此刻，这只蝉真幸运，抑或是"足智多谋"，它一动

构树果会引来诸多小虫到访取食，这只广斧螳藏在附近，等待捕捉它们。若在一处许久没有收获，它便会到转战另一个构树果边试试运气。久而久之，小螳螂循环光顾这几个猎场，总会碰到好运。这次，它抓到了一只蜜蜂。

不动，骗过了对静止物体几乎视而不见的螳螂。

广斧螳一步三摇地回到之前的出发地，接着又掉转方向头朝下，整个身子隐匿于之前藏身的那丛枝叶中。不多时，刚才那只幸运蝉竟鬼使神差地开始移动起来，一路向上毫不犹豫，这次广斧螳没再错失机会，一举将其擒住。而我在感慨蝉惨遭命运作弄的同时，又不得不佩服广斧螳的高明策略。刚才它捉蝉失手的那段光秃主干是鸣鸣蝉经常光顾聚集的地方，不过对于它自己来说太过暴露，于是选择守在距食堂最近的隐蔽处藏身，也不做过长距离移动，让隐蔽性和狩猎方便性中和得恰到好处。这听起来有些玄乎，其实不过就是一种生存本能而已。

针对单个目标开展了长时间的定点观察后，我发现类似上面的情况数不胜数，可能这本就属于螳螂的自然生活日常。整体来说，螳螂确实不算好动，毕竟其身体结构注定不适合大范围快速移动，它们通常就在一个很小的范围内生活。这个小区域里可能包含不止一个隐蔽区和狩猎区。有时两者重叠且面积足够大（比如一大株益母草或菊科植物），这种情况下螳螂就会相对更沉稳些，能在一处待上较长时间。若隐蔽区和狩猎区不在一起，它便会见机行事，在猎物到来时自己从隐蔽区出来进行狩猎，吃完再折回去休息，有时吃半截就开始带着美餐向隐蔽区撤退。如果一个狩猎区域内长时间没有猎物光临，那螳螂便会转到隔壁另一个隐蔽区继续等待，如此循环。

不过，这样的情况是发生在比较理性的状态下。要是当下自己"地盘"里长时间颗粒无收，而目力所及范围内的某处又有大量猎物频繁活动的话，螳螂也会来个长线迁移。我见过的最极端的例子是一只雌性中华大刀螳在空旷地面一路狂飙，奔赴5米外的一丛益母草。这丛益母草最高的一株能有1.5米，花开得很旺，各种蜂、蝴蝶围着它忙碌着。

　　那次是9月初，雌螳螂们正值怀孕产卵的高峰，食欲极度旺盛。我本是坐在树下享用午餐，只见眼前五六米外的空旷土地上，一只雌性中华大刀螳连爬带跑，中途停下来捉了片被风吹动的落叶，随后发现不是吃的便立即扔掉落叶继续赶路。除此之外，它全程几乎没有任何停顿迟疑和转弯。临近跟前，这螳螂更显得有些迫不及待，几步就钻入矮草中，随即放慢了脚步，开始朝着虫子围聚的地方小心潜行。最后，它停在了主干上，因为在这里，隐蔽区和狩猎区是重叠的，可以随便歇着，等猎物撞上门来就是了。如此好的居所自然会令诸多猎手垂涎欲滴，在它之后，又有两只广斧螳从高树上，经过反复查看确认后纵身跳下，直接空降其上。还好，这株益母草足够富饶，三只螳螂彼此相距较远，在我观察的当天并未发生肉体冲突。

折刀夹合联动啃咬
（防御型狩猎）

　　想当年，我初养螳螂不多日，心里便有点小膨胀，得着个机会就想显摆卖弄一下。有时，看到别人捉了螳螂不知如何喂养，我便出手"指导"。因为情况紧急，常不便进行螳螂自然捕食的示范，况且螳螂在刚被捉到时常一心只想着逃跑，并不能马上心甘情愿地配合我。这时，我更乐于展示自己的"拿手绝活"——人工喂饭，一来这比较方便快捷，二来也更显得我技艺高超。

　　通常情况下，我会就近抓个虫子（如果在街巷里就去垃圾桶边抓苍蝇，如果在荒草地就顺手抓蚂蚱之类）并将其"腰斩"，接着我一手托着螳螂，不断调整姿态确保它在手上待住（此操作需熟悉螳螂动作规律，随时调整手形姿态，要令它"摸不准去路"，不给它逃跑的准备时间）；一手用小细棍儿挑着猎物残体，趁螳螂发愣时，快速隐蔽地将食物从两把大刀的缝隙间递送进去，轻轻触碰到它的小嘴即可。只要螳螂一吧唧嘴，尝到肉味儿，它就会用折刀夹住食物开始用餐，完全不管是不是站在我的手上，也不在乎这猎物非自己主动捕捉所得。不过，螳螂并不是每次都能完美配合，有时它"使性子"，两把大刀不停地上下摇摆，想钩住东西爬开。赶上我急于求成时，操作过程不免会有些鲁莽。如此一来，螳螂更不舒服，会有明显的排斥情绪——用双刀一通快速乱斩。但这并不是捕猎，只是想踢开令它恼火的"障碍"，有时甚至头都冲着其他地方，完全属于"盲打"状态。混乱中，捕捉足偶尔会碰巧夹住食物，而它自己却还蒙在鼓里，下意识地握着"拳头"傻愣愣站着，毕竟这不是主动地出击捕猎。

初次见此情况时，我更是心急如焚，感觉很没面子。不过，围观群众中却有欢呼声："抓住了抓住了"，"原来螳螂这样捕猎"……我正纠结如何给自己找个体面的台阶下，再看那螳螂，似乎已经没有了刚才惊慌失措的神情，慢慢冷静下来。而后，它的牙须（下颚须）竟开始颤动，接着抬起夹着食物的那把折刀，与此同时慢慢低下头开始啃咬起来。众人皆对我"娴熟的技巧"佩服得五体投地，而我内心不禁感慨——好险啊，多亏"螳大人"配合，帮我圆场！

此后，类似的情况时有发生。我也慢慢有了经验——在人工喂饭时，即便螳螂只是慌乱中下意识地用捕捉足乱扒、碰巧夹住食物，只要没立刻放开，就有很大可能会在稍稍镇定之后开始进食。这让我不禁在想：螳螂对食物的察觉与感知除了通过视觉来实现，是否也可依靠触觉？它捕捉足的夹合感会不会就是联动进餐的信号开关？

我想，搞清这个疑问，非要进行周密严谨的行为和生理学实验不可，这是我可望而不可即的。不过，在这些年对螳螂的表象观察中，一些细节内容也多少能提供点思路启发。而且，由"捕捉足夹合联动啃咬"这个内容，还引出另一个话题——防御型（反击型）狩猎。

螳螂的捕猎过程通常有着比较固定的套路模式：发现猎物—悄然潜进—快速出击。如果我们放低姿态、拉近距离，观察一下螳螂狩猎，真心会感觉这微观世界的搏杀，其精彩程度丝毫不亚于狮虎之类大型猛兽的捕猎场景。螳螂发现猎物后，会转动头部死死盯住对方，气势咄咄逼人；接近猎物时蹑手蹑脚，异常小心谨慎；出击速度迅雷不及掩耳。每个环节都惊心动魄、扣人心弦。螳螂狩猎时的一招一式都节奏鲜明、目的性很强，属于"指哪儿打哪儿"。不过，它还有另一种不按套路出招、仅偶尔被动使用的捕猎方式——混战狩猎，有时我也称其为防御型狩猎。

其实，这类行为在捕食性动物中并不算罕见。说得通俗点，就是猎手本没有捕猎的意图，在突然遭到攻击或感觉受到威胁时本能地进行反抗或驱逐，"凑巧"又在乱战中重创了对方，随即决定将其当作晚餐。而在螳螂这里，"重创对方"这个前提不是必需的，只要对方身体某一部分被自己的折刀夹住，进而无法施展进一步伤害即可，也可以说是自己的防守反击控制住了局面后（有时候是暂时性的休战），就会单方面宣布获胜，接着开启之后的进食环节。

第一次见识类似这种的狩猎方式，是在 1996 年 9 月，那场面着实令我大为震惊。主角是一只雌性中华大刀螳，后面《食夫》一篇会对它的生活有详细描述。12 日清晨，我发现它产了个很大的卵鞘，但它忙中出错，将自己的一条后足末端也用卵鞘"发泡胶"包裹起来。清晨，我去看时它很安静。当时我并不知道母螳螂产后会变得胃口大开，还以为会虚弱致死。突然，一只中华稻蝗跳到它翅膀上，然后缓慢前行，逐渐爬上了前胸。起初，母螳螂纹丝不动，就在稻蝗将要接近它前胸横沟位置时，突然出招一举将稻蝗擒于刀下。它停顿了片刻，接着仿佛恍然大悟，发现自己捉住了猎物，开始大吃起来。我没有看清动作细节，不过能想明白它是怎么完成的，因为在早期用手捉螳螂时，我没少被类似动作钩伤手指。螳螂前足的攻击区域通常位于头前方，所以我们那里土法逮螳螂时都是要用手指捏住它的前胸，这样它就无计可施了。不过实践过程中，情况远没有这么理想化，除非我用力捏得死死的，否则它的捕捉足可以向后仰，端爪（螳螂捕捉足胫节末端的长刺）正好扎入手指，那种疼痛比被它直接正面攻击夹住更甚。

打个比方可能更好理解一些，我们可以将右胳膊伸出，大臂代表螳螂捕捉足的基节，小臂代表腿节，手（手指并拢）代表胫节，手、小臂和大臂做出"Z"字造型，这样基本就如同螳螂的捕捉足。然后保持这个姿态，同时将胳膊肘向上举，此时手和小臂相应就能够到头后的区域。螳螂的这个动作与之类似，只不过幅度要更大。

　　我在惊叹于螳螂武艺高超的同时，不免又想起之前喂饭时的"囧"事。眼前这次进食依然不是附属于常规类型的狩猎之后，甚至说，这一次按说螳螂都很难看到稻蝗，它又怎么能准确定位然后出刀呢？从它擒获稻蝗之后停顿了片刻这个细节来看，我觉着它并不是出于狩猎目的主动出击的。那会不会是它仅凭本能一刀歪打正着了？这倒很有可能。

　　此后，无论在饲养条件下，还是在对野生螳螂的观察中，类似案例都偶有发生。有些是发生在螳螂被攻击时，对手是别的螳螂或其他猎手。被攻击的螳螂出于反抗目的挥起大刀拼死挣扎，混战中折刀恰巧将对方夹住，导致其短时间内无法再行伤害，随即进入僵持阶段。冷静片刻后，先前的被捕食者率先重启，开始啮咬自己折刀下夹住的"异物"。有时这一咬会引发对方的突然反抗，若力量差距明显就不得不打开折刀，最后两散，结局便是"猎手时运不佳最终放弃，猎物强势反扑成功脱身"。不过有时，即便先手一方拥有体型力量上的优势，却因时运不济被对方锁住关键部位而有力使不出，难以脱身，只能任由对方处置了。这样一来，剧情就成了"猎手捕猎翻车，惨遭猎物逆袭，终沦为猎物"或"小个子猎物'技术＋时运'完美演绎以弱胜强"之类的版本。

此外，还有另一种情况：螳螂不喜欢有"异物"待在自己身

这只公广斧螳的悲剧甚是意外，要不是在现场看了全程，我都很难想象情节如此颠覆。最初发现时，它和母螳螂在同一片构树叶正、反两面相隔而居，或许它就是来求婚的，正在谨慎地等待时机。结果母螳螂爬到叶边露出个头，公螳螂反应错乱竟做出捕猎动作，一下夹住对方头部。母螳螂开始挣扎，混乱中两只螳螂抓住彼此肢体僵持着。可能因为公螳螂有先手优势，它并没被对方锁死，如果理智一点完全可以撒手趁机逃脱，可它接下来的举动彻底葬送了自己的性命。只见它小嘴微微颤动，然后开始啮咬对方（捕捉足夹合与啮咬的连锁反应），这下彻底将母螳螂激怒，又一轮短暂的交锋过后，母螳螂将它俘虏并开始进食。所幸，公广斧螳在被啮食后多数仍然能顺利完成交配。

上，一旦出现，它便会想方设法向后挥动大刀或侧头回身将其赶走。若异物正巧被夹住不得脱身，过不了一会儿螳螂就会醒悟，然后开始啃咬。这种剧情有时也会发生在交配过程中。公螳螂如果老老实实地趴伏在母螳螂背上，完事飞走，通常就不会有什么危险。不过，有的个体不知出于什么目的，会在过程中很不安稳，于母螳螂背后乱动，甚至还用折刀紧扣。母螳螂被弄得很不舒服，便试图反手除去"异物"。而公螳螂如此大的目标，常会被夹住。随后，折刀的夹合开启了母螳螂的啃咬模式……

折刀夹合与啃咬之间的联动，有时会让螳螂迷之自信，哪怕自己同时也在被吃，只要没到"疼痛难忍"的程度，双方就可能继续吃着对方，直到最后"忍无可忍"了才各自收兵。这种类型的狩猎中，最初的被攻击者虽然逆袭成为攻击者，但自己也常会受到不可挽回的伤害。有时，本来猎手因猎物的猛烈反抗已打消了捕猎念头，想要撤离，但猎物仍不肯放行，甚至还啃咬起来，这下彻底将猎手潜能激发。最终，逆袭者为自己没有见好就收而付出了惨重代价，自己也被对方逆袭了。

食夫

　　聊螳螂，就不能不提"食夫"的事儿。时至今日，这个话题依然在民间广为流传，并不断被添油加醋，感觉和二十多年前我刚摆弄螳螂那会儿周围人对它的舆论态度并无太多变化。这仿佛已成了螳螂的标配，以至于在网络上一提起螳螂或出现螳螂的影像，就会冒出"母螳螂会吃掉它老公"这类评论。

　　上中学那会儿，有关螳螂的信息来源，基本就是人们口耳相传、电视节目外加少得可怜的科普书。当时，动画片《黑猫警长》其中一集的情节，让我（估计也包括不少同龄人）强化了对螳螂食夫行为的认知。

　　其实，如果从一个"局外人"的角度出发，听到"食肉动物会同类相残"这类消息，可能并不会大惊小怪，毕竟野外生存压力大，饿极了吃一些"非常"食物还是可以理解的。在螳螂这里，此类情况也通用，它们从小就属于"能降服的都吃"，丝毫不会顾及同类之义、手足之情。不过到了食夫这个问题上，各种传闻的信息量过大，已不单单是饿了抓同类填饱肚子的问题，甚至演变成"母螳螂要在交配时吃掉老公""母螳螂要吃掉公螳螂才能繁殖"的说法。按说一个进食、一个生育，分属于消化系统和生殖系统管的事儿，两者之间会有什么联系？不过虽然感觉有点匪夷所思，但当时我还是信它了，毕竟听到的言论一边倒，我也不敢有什么质疑。

高一暑期末，我正式养上第一只螳螂（中华大刀螳）。根据当时已有的线索判断，它是个雌性。看了几次波澜不惊的捕猎现场后，我琢磨着看来不难养活，接下来该给它找个老公了。9月初（9月5日，周四），在朋友的帮助下，我从鸟市卖活食的摊位（通常是一个大篓子，里面有各种昆虫，主要是蛐蛐儿、油葫芦和蚂蚱、蜘蛛什么的，用来喂鸟，有时也会有螳螂）搞到一只比较鲜亮的公螳螂。确实如书上所言，这公螳螂身板没法和母螳螂相比，不但身长吃亏，强壮度也要低几个档次。圆房后，它俩没有立即交配，母螳螂也没大开杀戒。直到天黑后，公螳螂仿佛才从"旅途"的劳顿中缓过神来，一下跳到母螳螂身上，然后弯曲腹部开始交配，状态和我之前在一本科普书照片上看到的一模一样。

我期待着曾在电视科教片中看到的"母螳螂食夫"情景于现实中上演，写作业时也不忘每隔10分钟左右就过去查看下，看看母螳螂有没有吃掉它老公，公螳螂会不会没了脑袋还依然死死抱住它老婆。然而，一连几个小时，局面安然无恙。晚上十点多我再去看时，发现公螳螂不见了，周围也没见它的残骸。怎么上一次查看还安然无恙，短短10分钟公螳螂就被吃得一干二净，而且连翅膀都不剩？而在此前，这只母螳螂每次用膳都会将猎物的翅膀、触角甚至头部等一些小碎零件抛弃。难道因为公螳螂的特殊身份和自身的繁殖需求，必须要将其全部吃进肚才行？

我用手电仔细检查罐子中的每个角落，发现公螳螂在最里面待得好好的，母螳螂并没有对它痛下杀手。那接下来会发生什么？第二天清晨，我迫不及待起床去查看，公螳螂依然健在。我却有些失望，如果没吃下老公，母螳螂是不是就不能顺利产卵？周五放学回来，它俩是依然老样子——各自占据罐子里的一个角落，相安无事。眼看没口粮了，我决定转天早晨去抓几只蛐蛐儿回来。

周六清晨，我费尽周折才搞到2只蛐蛐儿和1只稻蝗，回家后索性一股脑儿都倒进罐子。公螳螂率先捉住一只蛐蛐儿，而母螳螂则把剩下的那只蛐蛐儿和稻蝗接连捉住吃掉了。

晚上，两只螳螂又开始交配了。我继续耐心等待并定时查看，然而结局和之前那次无异。我有些纠结了，到底是什么情况让这只母螳螂"不走寻常路"？

一直到周日晚，依然风平浪静。我开始坐不住了，决定施行人工干预！我不断用扫寻苗把公螳螂逗到母螳螂跟前，企图它能立下决心吃了老公，这样才好"生宝宝"。结果，母螳螂不知发的哪门子善心，始终保持贤妻心肠，开始几次是对爬过来的公螳螂不闻不问，到后来甚至连连后退，慌忙逃跑。我的工作失败了，没办法，由它们去吧！眼下，粮库又空，我想着让它俩再忍忍，周二是教师节，下午放假我就能到河边草地去捉点蚂蚱了。

周一中午，公螳螂不见了，只在罐底留有几片它的翅膀和一些零碎附肢。哦，我的天，真的吃啦！虽然损失一只公螳螂，但我心里却踏实了很多，这下总算能安稳地等着母螳螂产卵了。转天下午，我如愿到河滩上捉了些蚂蚱回来，给母螳螂作为孕期补品。这一天让我刻骨铭心：穿着新买的布鞋在草地里蹚，因为太过心急也没看脚下，总是闻到屎臭味儿却找不到源头，最后收工登上河堤围墙时，终于发现——是我踩上屎了！不过，付出如此惨痛代价换来的食物却没得到母螳螂赏光，一连两天它都对这些蚂蚱不闻不问，反而显得有些焦躁不安。

周四清晨，母螳螂身后多了一个拇指肚大小的奶白色团状物，它产卵了！这是我第一次见到螳螂的卵鞘。母螳螂周一吃了老公，然后就对平时喜欢的饭菜不闻不问，又隔一天便产卵了。这种节奏不禁让我想到"母螳螂要吃了公螳螂才能产卵"的说法，看来确实是这么回事了。不过很遗憾，这次我没有亲眼见到母螳螂蚕食老公的现场，不知道传说中的"公螳螂心甘情愿被妻子吃掉"是何种状态。这个遗憾直到两年后高考结束的那个暑期才有了充足时间得以补偿。

当时，我在院子里种了丝瓜和一些盆栽，局部区域堪比花园画风，然后散养了40多只螳螂。我将大把时间都耗在它们身上，因为怕螳螂相互残杀，所以彼此都间隔了一定距离。公螳螂更是受到特殊照顾，住进独立单间（竹筐里）。只有在我时间充裕时，才让它们夫妻"圆房"，这样我就有机会看"母螳螂吃

这次，公螳螂运气不佳，被母螳螂（种类均为中华大刀螳）抓住吃掉了。（我在现场检查了母螳螂的产卵器，并不是刚刚交配过，所以这只公螳螂死得有点"冤"。）

老公"的全过程了。

如此煞费苦心的操作是非常值得的，我收获了想要的内容，而且情况远比预期的要复杂多样。

最值一提的是，因为"实验品"足够多，我刻意设置了"交配＋不食夫"的选项，之后谣言不攻自破：母螳螂不吃老公也照样正常生娃。此外，我并没有看出公螳螂"心甘情愿被吃"，反而是它们一旦被捉，第一反应都是奋力挣扎想要脱身。这当中，确有"幸运个体"成功逃离，另一些无奈因体型、力量差距太大，又遇到了杀心很强的母螳螂个体，最后被吃掉了。而且在公螳螂被捕、挣扎、逃脱、被吃、交配这几个环节之间，还有特别复杂的组合关系。

当时，我将见到的几十个案例总结起来，大致可以归纳为以下规律：

1.母螳螂刚羽化不久时并不会考虑交配的事儿，也不会想着把公螳螂捉住吃掉。若遇到对方靠近过来，它会选择主动回避，甚至仓皇逃跑。

2.在不太饿的情况下，母螳螂袭击公螳螂时如遇对方反抗，常会放它一马。有的公螳螂趁机爬到母螳螂背上交配，有的则赶紧溜之大吉。有的母螳螂甚至都不去抓公螳螂而完成和平交配。

3.我养的几种螳螂（中华大刀螳、广斧螳、棕静螳），各自情况又不尽相同。中华大刀螳和棕静螳的状况比较相似：公螳螂

这只雄性中华大刀螳锁定了近在咫尺的追求目标，却不敢贸然上前，必须有十足的把握才敢展开行动。后来，一只蝴蝶飞落到雌螳螂头上方的叶片上，雌螳螂立刻仰头注视。本来它只是在酝酿捕蝶计划，但这个仰头的动作却让公螳螂感觉它可能要针对自己，一下子跌落到地面上藏了起来。

一旦被捉，如未能挣脱，基本就是白送命，虽然它们后来非常努力，但也很难完成交配。广斧螳就有点不同了，几乎所有被捕食的公螳螂，都能通过侧向移动扒住母螳螂身体后顺利完成交配，最终自己的身体会被妻子蚕食干净。

虽然我见证了足够多的家暴现场，但总感觉某个环节有些蹊跷。这些案例有个"通病"——婚事都是被我"包办"的（人为将雌雄螳螂放到一起），而非"自由恋爱"。那在它们自己的世界里，怎么才算自由恋爱？情况会不会不太一样呢？

转年（1999 年）秋天，一个偶然的机会，我终于有幸见证了一场广斧螳的自由恋爱。女主角本来被我养在石榴花上，后来它"逃逸"爬上了丝瓜藤。起初还有点担心它会挨饿，后来发现我多虑了。它的小日子过得相当不错：每天就埋伏在丝瓜花附近，捕捉前来访花的蜜蜂。不多日，它有些"掉肚"（腹部后端垂下），当时我并不确定这是在招夫（释放外激素吸引异性），只是根据所看过的有限资料推测，它可能在主动发情报，开始找对象了。

几天后，它老公出现了，就在它身前一尺远处。我饲养备用的"新郎团"都在筐里，所以这只应该是自己找上门来的。它俩就在一根横杆上相望而立，从各自的眼神来看，彼此应该都发现了对方。母螳螂低垂着肚子原地不动，公螳螂探出身子但欲行又止。双方触角都在有节奏地抖动着，像是在互诉衷肠。相持一阵后，公螳螂开始非常缓慢地前行，但很快又停了下来，接着再次进入原地不动、靠触角"暗送秋波"的状态。随后，公螳螂"缓步前行—停住"的过程循环播放着，直到最后它俩相距甚近，已经触角对接并温柔地相互拍打着。此刻，公螳螂依然保持镇定，而母螳螂也没有要捉住对方的意向。猛然间，公螳螂微微颤动了下翅膀，然后继续立定观望。不知道是公螳螂收到了爱妻发来的行动号令，还是单纯觉着时机已然成熟，它瞬间飞身跃出，一下子就跳到对方背上。停顿片刻后，它掉转了身体方向（跳上去时它是头冲着母螳螂尾），接着进入交配过程。整个接近的过程中，公螳螂非常小心谨慎，而母螳螂倒也无出格之举，氛围看上去略显紧张，但总体上非常平和。很遗憾，我因有事外出没能看完全程。回家后，我看到母螳螂依然待在原处，肚子没有

2 -　　　　　　3 -　　　　　　4 -

1 - 母螳螂（左，种类为广斧螳）正在享用刚刚捕获的蝉。见此情景，公螳螂（右）就像打了兴奋剂，即刻展开行动。

2 - 它大步流星来到母螳螂身边，即便对方有所察觉，开始扭头打量，公螳螂也仅是暂停脚步，并没有退缩。

3 - 母螳螂恢复进餐，公螳螂果断抱住对方身体，但一片叶子挡住了它继续前移的通路。

4 - 公螳螂不得不挪开身子另寻途径，这又引起母螳螂扭头注视，此时双方四须相触，但公螳螂仍没退缩，毕竟母螳螂手里抱着大餐，轻易不会对自己下手。

5 - 很快，公螳螂从侧路一跃而上，顺利交配，母螳螂则继续吃着大餐。这是一次非常完美的公螳螂低风险婚配成功案例。

5 -

变得更鼓，而它下方的地面上也没有发现公螳螂的残骸，看来这个老公应该是全身而退了！

这次经历所见给我触动很大，最明显的感受就是双方做足了前戏，和之前在小空间里人为相亲时差异迥然。另外母螳螂丝毫看不出捕捉老公的意图，即便对方已进入攻击范围，它依然"温婉"待之。这样的情况是偶然还是普遍存在？想找到答案，我觉着必须坚持多做类似这种在开放空间内、完全旁观式的观察，而且最好要看完全程，才有可能找到答案。

现实中，想在自然状态下观看野生螳螂一场完整的爱情戏并不容易，必须耗费大把时间、放慢节奏，进入螳螂的生活空间但又不能靠得太近。另外，除了经验的指导，更多时候可能还要靠点运气。

所幸，虽然费些周折，但几年下来，我在自然环境中见证的螳螂自由恋爱的故事也足以说明些问题了。

总体来说，公螳螂会循着母螳螂的节奏来制定行动方案，只要不逞能、不逾规越矩，那基本就意味着这场婚姻会完美收场。

我并不确定公螳螂是在羽化后第几天开始正式考虑婚配问题，可能不同种类也会有差异。不过，总体来说，刚羽化后的一两天里，它确实无心顾及此事，会像往常每次蜕完皮一样，食欲都不那么旺盛，身体看起来嫩嫩的，不太硬朗。三四天后，公螳螂似乎有些情窦初开，如偶遇异性会有些动心，不过也只是一丁点意愿而已。而在这之前，若和对方不期而遇，它通常会选择逃跑。随着时间推移，公螳螂结婚的意向会表现得愈发强烈，见到异性时明显有些流连忘返、依依不舍。而这种情绪伴随着时间推移会快速升温，甚至到了废寝忘食的地步。

相对来说，母螳螂的动情节奏更容易观察。初披修女袍（长出翅膀）后，它同样会厌食，也会有几天"恐婚期"——面对异性追求，它要么恐吓要么逃跑，总之少有暧昧交流。不过，母螳螂很快就掌握了招亲的主动权，一旦时机成熟，它便垂下腹部末端，开始释放外激素，给周围的男士们发送信息："我准备好了，快来和我成亲吧！"公螳螂自然心领神会，纷纷闻讯赶至，不过接下来它们将要面临的是一场综合比拼耐心、毅力和技巧的拉锯战。

可以说，公螳螂深知此次旅程的危险，弄不好就有去无回。它谙熟对方的每一种动作语言，一旦在视野中发现母螳螂的存在便不敢轻举妄动，这种恐惧和谨慎都是刻在基因里的。它会时刻留意对方的一举一动，尤其是头部和捕捉足的动作，这将直接左右着自己接下来的战略部署。

母螳螂的背影会令公螳螂心里踏实并大胆一些，不过它依然要根据对方的每个动作细节来制定自己的接近方案，以求始终让自己处于能够及时脱身的安全距离。要是能赶上对方正背对着自己吃东西，那简直是天赐良机，公螳螂甚至会大步流星"跑"至跟前，"垫步拧腰"一跃而上。虽然在过程中，母螳螂的稍稍回眸或侧目仍能令公螳螂瞬间刹车并迟迟不敢妄动，但不至于特别神经质。有时即便近得和回头观瞧的母螳螂四须相接，它也仅是停住而不至于仓皇逃走。毕竟对方"手"里拿着吃的，只要稍等片刻，母螳螂便会接着用餐，自己的机会就来了。

　　若母螳螂空手而立且正对着公螳螂，那现场气氛就会变得紧张数倍。公螳螂的脚下像抹了胶，挪动半步都异常艰难，动不动就会"石化"。每动一下都要确认对方没有敌意，还要经常寻求植被掩护，之后才敢继续。母螳螂一个转身或稍稍抬起捕捉足之类的动作都足以令它失魂落魄拔腿而逃。如果公螳螂意志坚决，它并不会走远，等自己心神稳定后还会卷土重来，接着重复上面的步骤过程。有时候，过程反反复复，一段距母螳螂半米左右的路程，公螳螂要花上两三个小时甚至大半天才能走完。这也不足为奇，一切都是为了追求"能够保全自己的和平婚姻"。

　　有时我也在想，公螳螂如此耐心，会不会是为了等待母螳螂转身背对自己或是捉到猎物后进餐时的机会？这个问题很有意思，我不确定公螳螂是否有足够的智慧"推己及人"，以此来了解母螳螂的日常生活节奏。不过它甘于静候，确实能给自己创造更多机会。前面《原地死守 or 转移阵地》一篇中我也提过，螳螂一天的生活其实并不像表面看上去那么平静单调，如果死守观察，会发现它们每隔一段时间要么转变下姿态，要么挪换下位置，以获得更多猎物撞上门来的机会。这是我的观察所得，我想公螳螂可能也在漫长的演化生涯中深得其中的精髓吧。只要它不大动，那率先动起来的通常就是母螳螂。若长时间没有猎物上门，母螳螂便会更换姿态或稍微挪下位置，一旦背对自己，公螳螂的机会就来了；如有猎物上门且母螳螂捕猎得手开始进餐，那公螳螂的机会更好了；如果都没有，那就继续等！在这点上，我感觉我和公螳螂"趋同"了：我通过等，了解了更多螳螂世界的自然节奏；公螳螂通过等，等到了母螳螂自然生活节奏中对自己有利的时刻。

不过"智者千虑，必有一失"，纵然公螳螂计划得再周密、行事再谨慎，意外依然难免。偶尔，它在行进中会被一些不可控因素搅乱节奏，比如被一阵"邪风"吹乱脚步、被路过的胡蜂吓得姿态变形之类，这些都会增加求婚之旅的风险指数，弄不好就被母螳螂认为是没按"求婚套路"行事而将其当成猎物，遂翻脸下了死手。再者，爱情有时候就是冲动的，激素可能是理性的抑制剂。公螳螂在情场上的一次成功经历未必能给它带来经验上的累加，它们也很难理解见好就收的理念。本来一次全身而退的完美婚姻之后，双方各立山头大可相安无事，但生存的终极使命会不断地召唤公螳螂，指使它接二连三地去赴母螳螂的婚约。即便公螳螂成功"上身"，也未必就能善终，偶尔有些不安分的个体，在母螳螂背上乱动，这同样有可能引来杀身之祸，在《折刀夹合联动啃咬（防御型狩猎）》一篇中对此也有解读。

总之，对公螳螂来说，婚姻就是场高危游戏。技术固然可以降低不幸发生的概率，可常在河边走，哪有不湿鞋……对单一个体来说，一旦失手，就意味着再也没有下次。而在一些研究中发现的，公螳螂能在"无头"情况下正常完成交配的生理学机制，很难说是上天赐予的优势技能，它看起来更像是对从事高危行业者的一种补偿性救济，用以确保螳螂家族能够继续繁衍，而不至于因内耗过大而逐步衰亡。

1 ～

2 ～

3 ～

1 - 这只公螳螂（左，种类为广斧螳）趁着母螳螂准备捕猎、正背对自己时，以极慢的速度悄悄向其接近。

2 - 中途情况有变，母螳螂捕猎失败，公螳螂错失良机。更糟糕的是，公螳螂的行踪被对方发现了，它立刻停住脚步。

3 - 随着母螳螂转过身子，公螳螂悄然后退到安全距离驻足观望。

4 - 本来紧张的气氛已慢慢缓和，母螳螂并没想狩猎公螳螂，但它微微抬起前足的动作直接将公螳螂吓得魂飞魄散，撒腿就跑。

5 - 但公螳螂并没跑远，待它缓过神来后，又开始小心扒头探察。

4 -

5 -

6 -

7 -

8 -

6 - 母螳螂又垂下腹部，开始释放外激素，向公螳螂发送征婚信息。但对方这次变得更加谨慎，久久不敢轻举妄动。

7 - 直到 6 个小时后，它才有机会趁着母螳螂转过身去的时候快速接近。

8 - 最后，它一跃跳到母螳螂背上。母螳螂被突如其来的"异物"弄得有些暴躁，它挥舞着大刀乱砍，甚至误夹住自己的一条步足。此时，公螳螂处境十分危险，它必须保持冷静，不能冒进。

9 - 随着母螳螂收起折刀，现场氛围又缓和下来。我也可以放开手脚布置下光线精心拍照了（此前，我怕影响它们的正常进程，只能在远处用长焦镜头记录）。

9 -

公螳螂在母螳螂身上僵持了近一个小时后，
终于如愿开始进入交配环节。

1 － 这只雌性广斧螳正弯过身子，抱着连在自己产卵器上的雄螳螂残骸啃咬，现场气氛有些凶残血腥。

2 － 通常，在螳螂圈的内部争斗中，体型差异决定胜负。同龄同种的条件下，细瘦的雄螳螂自然总是充当牺牲品的角色。当然，这种悲剧也会发生在跨种的冲突中，图中这只雌性广斧螳正在进食一只雄性中华大刀螳。

单刀闯江湖

对于昆虫来说，"缺胳膊断腿"算不得什么致命伤害，甚至有些昆虫遇到危险时就是靠丢条腿给敌人来保全性命。昆虫在幼年阶段有着惊人的修复能力，如果腿断了，它们会在蜕皮后长出新腿，只不过难以一步到位，需要几次蜕皮才能恢复到正常状态。

螳螂若虫自然也有再生的本领，意外损伤一条行走足对它来说不会有大碍，但捕捉足如果受到伤害，情况又会如何？

起初，我一直认为两条完整的捕捉足对螳螂来说至关重要，捕猎时螳螂要靠它们协调作战，将猎物夹在当中，必要时还要不断调整夹合位置以避开或限制猎物的反抗，然后才方便下口啃咬。如果其中一条捕捉足受伤，那螳螂将无法顺利完成狩猎，甚至饿死。

不过，1999年初夏，一段前所未有的观察经历动摇了我这个观点。故事主角是一只3龄的中华大刀螳若虫。当时，我发现灌木叶子上有东西在扭动，凑过去查看，只见它正在竭力反抗一只蟹蛛的攻击。可能是蟹蛛咬住的位置不太理想，小螳螂竟然真的脱身了，不过在对抗中它的左侧捕捉足遭蜘蛛毒液侵害，情况并不乐观。出于同情，我将它带回寝室饲养，希望它能活下来，实在不行就靠人工喂饭。

当晚，它那条受伤的捕捉足开始发黄，创口变黑。很快，我发现它这条腿在行走时始终紧收着不能打开。我小心翼翼地用手指拨弄着它的伤腿，但它一点反应都没有。见到如此情况，我便擅自做主开始人工"填喂"——将食物弄成小块递到它嘴边，它用另一条捕捉足夹住后啃咬。

两天后，它的伤腿几乎齐根断掉，看来只能继续人工喂饭，等到新刀长好再让它自力更生了。不过出于好奇，我又想看看它到底还有没有捕猎的能力，便向饲养罐中放进一只苍蝇。正常情况下，3龄的中华大刀螳若虫捉只苍蝇不算什么难事，但这只螳螂少了条捕捉足，它能准确捕到快速移动的苍蝇并将它制服吗？

苍蝇一进到罐中便开始四处飞撞。看到眼前有活动的物体，两天没正式吃饭的螳螂立刻来了精神。苍蝇的飞行路线十分混乱，看起来就是一味地瞎撞，企图撞大运找到逃生的出口。此时，螳螂只能不停地转动头部盯着它，一时还找不到合适的进攻时机。苍蝇折腾了一阵子后慢慢安静下来，停落在罐子里的小树枝上，开始"搓脚、梳头、擦翅膀"。螳螂的机会来了，它开始执行自己的猎杀计划，沿着树枝小心接近，最后身体一个冲刺弹射出去，接着就听到苍蝇疯狂振翅的嗡嗡声——这"瘸腿"螳螂竟然只用一条捕捉足就准确擒住了苍蝇！

正常的状况下，螳螂会尽可能快地用两条捕捉足夹住苍蝇的翅膀，让它有力使不出，从而为进食创造理想舒适的条件。但此刻，这只螳螂仅有一条捕捉足，苍蝇的振翅挣扎又非常激烈，带着它一起大幅度摇摆。见此情景，我不禁担心起来，这残疾螳螂能否降服苍蝇？接下来，它用行动彻底打消了我的疑虑。

只见这螳螂迅速收紧折刀，将猎物递到嘴边，同时张开那平日里小得几乎看不到的"嘴巴"，一口咬住苍蝇。螳螂的咀嚼式口器看上去并不特别强大，和螽斯、蜻蜓的"大牙"比起来显得有些不值一提。但这次它爆发出了强大的潜能，和一条捕捉足合作，钳住了苍蝇。此前，我一直觉着螳螂是吃饭细嚼慢咽的典范，而这次它几口下去，苍蝇脑袋已被咬掉，胸部也被啃出一个大洞，反抗熄火了。接下来，这只螳螂的用餐过程就显得容易多了，跟正常个体没什么差异。

细心观察，我发现它那条断腿仅存的一点残根也在摆来摆去、跟着用力，似乎并不愿"面对"自己已经残废的现实。就这样，小螳螂在接下来的狩猎中仍旧自力更生。下一次蜕皮后，一条新的捕捉足诞生了，但比正常的要小上许多，要再经历几次蜕皮才能长得和另一条一般大小。

这段经历让我初步更新了对单刀螳螂生存能力的认知，另外也见证了螳螂口器的潜在威力。其实，它们的上颚并不很小，只是平日里在大眼睛和上唇的遮盖下隐藏了起来，加之平时螳螂那两把锋芒外露的大刀过于威猛吸睛，也在一定程度上掩盖了

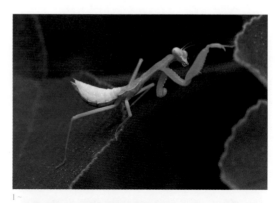

1～

2～

"大牙"的实力，这些都会左右我们的视觉感受。

此后，我的观察主阵营由饲养螳螂的罐子、散养螳螂的小院逐步移至纯自然环境中。随着野外观察的增多，我发现单刀螳螂并不罕见，它们有的拖着大肚子伏在原地，有的正在享用午餐……看来，独臂螳螂仍能靠着单刀闯荡，在虫族江湖中占有一席之地。不过遗憾的是，我一直想拍摄单刀螳螂在野生状态下的狩猎场景，却始终阴错阳差，久久不能如愿。带相机时遇不上，

3 -

1 - 自然残酷，生活不易，野生螳螂缺胳膊断腿并不是特别稀罕的事儿。

2 - 螳螂若虫有修复残肢的能力，新肢会于蜕皮后显现，只是比正常的要小（左后足），需经几次蜕皮才能恢复正常。成虫就没有这项福利了。

3 - 这只残疾的母螳螂顽强地活了下来，并成功完成了传宗接代的使命。

而轻装上阵时却真又撞上几次捕猎现场。

　　转眼到了 2016 年 8 月，我从台湾出差回来，调整一天就果断上山搜集工作稿件素材去了。这次，因为工作内容不同，我没有带微距镜头，只带了个广角头用于随行记录。结果当天，真就赶上我运气爆棚。先是见证了广斧螳捕猎鸣鸣蝉的全过程——从最开始盯住猎物到悄然潜进、出击、扭打、进食，能看到这样完整的场面实属不易。随后，又在路边的丁香树上目击中华大刀螳捕捉蚱蝉，这可是我多年来一直想见的场面。

下午三点多我缓步下山，边走边左顾右盼，想再发现点意外惊喜。不过说心里话，那会儿我已满足于之前的两份大礼包，加之当时狂风四起，我完全没有再去发现点什么并努力拍摄的欲望和动力了。途中，我的脑袋还撞到了一棵树的横枝上。当时我下意识地摸了下头，触到很多碎皮，还以为头被蹭破了。仔细检查，发现是我把树干撞掉了一大块皮，树皮碎屑沾在了我的额头上。

尽管如此，在走过一个非常熟悉的胳膊肘弯区域（那里以前是我拍螳螂的圣地）时，我在路边一处榆树苗和萝藦组合的环境里还是条件反射地发现了只雌性广斧螳成虫。它正在进食刚刚捕获的大龄棉螳若虫（个体几乎不比它自身小）。这个场景我并不太以为意，因为此前我曾见过广斧螳捕捉成年的雄性棉螳（捕捉成年雌性棉螳的情况还一直未见到过，很可能广斧螳没有这个能力，但我也不想人工试验了），那场面比这个激烈多了。最后，出于"不拍个照就像吃了大亏"的态度，我还是决定按下几张记录照。

这螳螂头上沾了很多棉螳吐的"口水"，非常难看，很不入画。当时我还抱怨，怎么吃个东西还这么邋遢（以前看螳螂捉蝗虫时会用两把大刀把持好位置，通常不会被它们的口水污染得如此严重）。此外，环境场景也杂乱无章，螳螂的位置挺高，加之

风很大，树苗被吹得猛烈摇摆，很难瞄准对焦。最后，我真是一点等待拍摄时机的耐心都没了，象征性地按几张便离开了。

回到家中，我迫不及待地导出照片，坐在电脑前欣赏当日的成果。看到最后几张时，我突然感觉螳螂的姿态有点不太对劲。仔细一看，哎呀，它竟是个"单刀"残疾。顺着这个结果反推，难怪其头部沾了那么多棉蝗口水，因为它是一条腿在战斗啊！一上来在棉蝗刚被捕捉到、吐得最厉害的时候，它没办法靠单刀很好地控制猎物位置，必须用嘴咬配合，不得不跟棉蝗头部发生亲密接触，如此一来肯定会把脸搞脏。

这就怨不得别人了，上天恩赐我这机会，遇上螳螂单臂擒棉蝗，我当时怎么就没发现事情真相呢？真是肠子都悔青了，下一次机会还不知猴年马月才能赶上呢。算了，就当是我被树枝撞出了"内伤"，影响了后面的发挥吧，也只能这样安慰自己了。不过以往的经历证明，只要坚持，更好的机会总会再来。

不确定性的魅力

自然的多样性、不确定性是人工条件下很难比拟的，即便针对螳螂这样的昆虫也是如此。饲养中，螳螂面对我提供的100种不同的猎物，可能会上演100种不同的剧情；而自然条件下，螳螂在100次捕捉同一种猎物的过程中，就有可能会上演110种不同的剧情，这就是自然的魅力。

不可否认，我迷上螳螂，很大程度上缘于它们看似瘦弱的外表下隐藏着的超高武力值。螳螂可以在恬静柔美和迅捷刚猛之间随意切换画风，真的是"静如处子，动如脱兔"。

想当年，我也是个"斗虫"迷，热衷于给饲养的螳螂选配各种类型的对手，然后看它们在擂台（饲养的罐子或纱网笼）中对战。在初期的战斗中，螳螂生擒蚱蜢、斩首飞蝗、截获蛐蛐儿当小菜……随着一个个对手被降服，我对螳螂的崇拜心理也获得了极大的满足，并且不忘跟小伙伴们夸耀其显赫战绩。随后，我开始追求更加刺激的打斗场面，让螳螂对战天牛、蝈蝈之类的硬茬儿，有时甚至是在双方心生退意的情况下强行拉它们上场，我以为这样就能收获螳螂狩猎的全部精彩。

就这样，我每天品尝着"硬菜猛料"。可菜色虽好，但难免太过油腻，久而久之便因螳螂少有对手匹敌或战况千篇一律而觉得乏味，观察的热情也随之减退，接着就会陷入迷茫。

然而，一次偶遇的自然狩猎过程点醒了我，为我指出条新路。当时，战斗发生在我家门前的金银花上，我为观看螳螂捕猎，下午上课都迟到了，而螳螂的猎物不过是只微不足道的小苍蝇。狩猎过程十分漫长，螳螂小心翼翼地逼近正在舔舐金银花花蜜的苍蝇，时而疾步时而静伏，随时都要根据苍蝇状态的变化调整接近的策略。因为苍蝇可以随时逃离现场，让我有种和观察"笼斗"时完全不同的心理压迫感。最后螳螂成功得手，出击瞬间的精彩程度，在当时我的见识里可谓空前。虽然这次经历没有让我在接下来的观察中立刻转型，但它却埋下了一粒"赏析自然节奏"的种子。

几年后，这粒种子开始萌发、生长，逐渐壮大，最后霸占了我自然观察的大部分空间。此时，我已不太在意螳螂是否狩猎成功，不过分追求对手的体型和武力值，不执念于激烈的搏杀，不会因螳螂个体小而觉得过程寡味……一切乐趣似乎都随自然进程而生。在这样的观察中，我更享受的是品味螳螂在生活中的应变能力。我会守在一株益母草前，细数埋伏在上面的螳螂一天下来会"接待"哪些访客；会饶有兴致地观赏半饥饿状态的螳螂遭遇难啃猎物时的心理博弈过程；会蹲在葎草边，看上面的螳螂被一只小小的蚜蝇牵动狩猎神经，最后扑空震得花粉飞扬；看螳螂跟在蝉的身后，步步紧逼、欲行捕捉，却被突然飞至眼前的另一只蝉吓蒙，最后掉头败退……

在这样的观察中，所有的乐趣都渗透在自然过程当中，随着自然进程而流淌，享受的是我看到了什么而不是我想要看什么。也许这种心态的变化需要一个过程，正所谓"经历了才能有所改变"。我很庆幸，在经历过之后及时做出改变，找到了最适合自己的观察方式。

自然太大太复杂了。在自然中，即便是一只小小的昆虫，它生活的多样性都完全超出了我的想象。在自然中观察，我可以用最为慵懒的方式收获最多样的快乐，这是在饲养条件下极难实现的。

一个意外的清晨

　　人们对刺猬有种既熟悉又陌生的感觉。聊起刺猬，仿佛谁都能说上几句，但真要让他们准确细致地说说刺猬到底是种什么样的小动物、有哪些生活习性，而不是讲那些听来的传闻，多数人又会哑火。

　　在我的印象中，从小到大一直有刺猬生活在我们周边。以前住平房时，胡同的邻居隔三岔五就会传出"某某家闹刺猬"的消息。我那会儿倒也有幸见过几次刺猬真身，有的是被几个小孩你一脚我一脚地踢着缩成个刺球，有的是被大人用木棍挑起来，虽然表面的刺看上去很硬，但整个身体下垂着，软趴趴的。当然，每年我也都或多或少会在公路上看到些被来往车辆轧死的刺猬尸体。除此之外，能见到刺猬的地方就是在各种儿童书籍和动画片中，在这里刺猬常被设计成聪明机智的正面形象，在地上打个滚儿就将果子扎满身，然后驮回家去慢慢享用。童书中的刺猬还很勇敢，能和蛇搏斗，它会缩起头让蛇缠住自己，接着突然竖起

刺，带着蛇滚来滚去，借此方式将蛇扎死，然后吃掉。在那个年代，蛇还被定性为"害物"，捕蛇的举动无疑能给刺猬增添几分英雄色彩。

直到大学后，我才有了更多的自主时间，能够到荒野中去释放对自然的热情，接触刺猬的机会也多了起来。初夏之夜，我到校园的小树林里看螽斯羽化，常遇到刺猬过来"凑热闹"；白天，我躲在校园僻静的角落看书，也会有刺猬在草丛间悠哉穿行；晚自习后，在回宿舍的路上，时常能和刺猬不期而遇……总之，只要满足了"天气比较暖和、人少僻静、在夜晚"这三个条件中的任意两个，就有很大几率和刺猬邂逅。不过尽管如此，我对刺猬的了解并没能进一步深入，这很大程度上可能也是因为我对它的兴趣并不是特浓厚（有那么多漂亮的松鼠、螳螂和鸭子，我哪儿还顾得上刺猬啊）。

到研究生毕业，我和刺猬之间的关系一直保持着这个状态。接着，我成了自由职业者，在做城市野生动物生活拍摄时，好友徐建觉着刺猬的内容很值得搞一搞，便建议我去尝试下。虽然我认同他的观点，而且对刺猬的兴趣也开始渐浓，但依然没有着手开展。因为我对刺猬基本属于一无所知，甚至连如何寻找都无从下手，总不能每次都祈求偶遇吧。所以我感觉这是个很难执行的任务，也就没想着要去加大投入筹码以做出突破。

不过，这所有一切的理由，都在一个清晨被彻底粉碎了。

那是 2011 年 5 月 27 日清晨，我一早抵达目的地——家门口公园的苗圃，想和前天巧遇的那只蓝歌鸲再来次亲密邂逅。两天

这只下喙断折的蓝歌鸲化身月老，成就了我和刺猬的完美"姻缘"。

前，我在这里遇到一只雄性蓝歌鸲。它很特别，不怎么怕人，如果我没大动作，它甚至能走到距我两米之内。不过这种"大胆"可能并不是没有原因的——我发现它的下喙几乎从根部断折，想必会对觅食造成不小影响，或许正是这个原因让它不愿耗费太多能量避开行人，而更专注于觅食活动。

当天，空气湿气很大，林下显得有些阴郁。还好，那只蓝歌鸲依然在而且很活跃，看来天一亮它就开始忙碌着在地面蹦跶觅食了。我故技重施，先蹲下一会儿，看它往我这边靠近后就改为卧姿，以便降低自身存在感。我的视线跟着它来回移动，这只蓝歌鸲在地面上时断时续地蹦跳着，偶尔低头啄起点什么然后吃下。

突然，一个不太寻常的东西闯入视野，它外形圆乎乎的，移动速度并不快，行走过程中身体稍有些颠簸感。啊，看清了，原来是只刺猬！我不知它是因为没发现我还是觉着我没危险，总之这小家伙表现得满不在乎，竟一路向前朝我这里走来。我习惯性地将眼睛躲到取景器后，瞅准机会按了两张。突然响起的快门声让它有所停顿，不过还好，很快它就又恢复了之前的节奏。最后，它一头钻入铺地柏丛下那少得可怜的空隙中。等我过去看时，它已半缩起身子，似乎是要准备休息了。

起初，我对这只刺猬并没过多留意，只觉着自己比较幸运，能在白天拍到一只行为姿态还算比较正常的刺猬。当我回到家中用电脑仔细回看照片时，才发现更多的"秘密"。虽然以前在动画片和童书中也看到过刺猬的可爱形象，但于现实中，这还是我第一次被它的容貌打动。这刺猬和我之前见到的一些刺猬个体略有不同：它的脸很白，上面镶着两枚黑豆眼和一个小黑鼻头，面相格外伶俐乖巧；背上的刺衣披在身后，刺并没有特别明显地竖起指向四面八方，所以看上去似乎不那么扎手。再回想下在现场看时，它走起路来迈着欢快小碎步的样子，活脱脱一个童话精灵。不行了，这次我没办法不"以貌取人"了，我已彻底被它迷倒了！当即决定在接下来的几年里，我要竭尽所能地开展对刺猬生活的观察记录。

现在想来，近几年的坚持与收获，真的要感谢这位刺猬引路者。

刺猬洞乌龙案

　　以前我偶遇刺猬时，有几次在它周围的地面或土坡上发现过一些洞，便顺理成章地将洞和刺猬联系起来。后来，在和别人的交流中我发现，大家几乎都认为刺猬打洞居住这事儿很"科学"，觉着不就是应该这样吗。所以，在正式执行刺猬观察计划后，我首先想到的就是"守洞待猬"。

　　我曾在林子中守过花鼠洞，到山沟里守过岩松鼠洞，去草原上守过黄鼠洞……每次都有所收获。当然，我不是趴在洞口死守，而是要躲得稍远一点，有个三四米的距离。毕竟，我不希望这些小家伙一出家门就被我的形象吓一跳，然后拒绝跟我继续"合作"。在刺猬身上，我想故技重施。不过，之前我都是先看到那些动物钻进洞里，然后凑过去安心静等。而在等刺猬时情况有所不同，我只是发现洞口后脑补了刺猬钻进去的场景，便于天黑前直接抵达那里开始守候。

　　2012年5月里，我几次守着"刺猬洞"口，结果都空手而归，令我极度失望。其中有几个洞口泥土的挖掘痕迹非常新鲜，但依然没有刺猬出现。倒是有一次，从洞里钻出一只黄鼠狼。对于这个结果我倒没有特别惊讶，因为以前在其他地方确实看过黄鼠狼挖洞而入的"现场直播"。不过等不来刺猬让我很费解，甚至有次从下午一直等到天黑后一小时，周围都开始有刺猬溜达路过了，洞口这儿却依然冷冷清清。虽说可能它前一日并没有入住这里，但屡次守洞都以失败告终，这不禁让我有些怀疑刺猬是否真的会打洞居住。

同年 6 月，疑问有了点线索。在一次跟踪松鼠的过程中，我于大中午邂逅了只"梦游"的刺猬。当时，松鼠们大部分都已进入午休状态，我坐在石头上也有点打盹犯困。半睡半醒中，我隐约感觉身旁的草丛有些"不老实"，便本能地扭头望去。随着草丛晃动加剧，一只刺猬钻了出来，悄然登场。它扭着屁股一路漫步，穿过了一小片蛇莓"庄园"。我本以为它会停下来大快朵颐，结果它对蛇莓果不闻不问，只管继续前行，然后爬上乱石坡。我没敢起身，怕搅了它的梦游之旅，只用视线进行跟踪。接下来，它在石堆上玩起了"攀岩"，着实让我对其运动能力刮目相看。最后，这刺猬钻到几块石头围成的一个窟窿里。洞很浅，进深也就 30 厘米，里面空间形状接近于正方形，可能说是个石头旮旯更为贴切。倒是作为"房檐"的那块石头大而突出，人在旁边站立时是从上往下看，视线会被挡个严严实实。如果不是刺猬引路，我很难发现这个秘密空间。

这只刺猬钻进"洞府"，在里面转了个圈，接着用嘴稍稍扒

1 - 黄鼬洞。

2 - 我要特别感谢这只带我"回家"然后倒头大睡的刺猬，是它给了我了解刺猬洞府的重要线索。

拉几下地面的杂草和枯枝，象征性地铺了下床，然后便卧倒蜷缩起身子（刺猬深睡时身体是蜷缩着的），竖起背部的刺，酣然入梦了。下午我离开前过去查看，它还在里面睡得很香。

一周后我再去，又于同一区域的另一个石头旮儿里见证了它的睡姿。这让我开始有点怀疑：刺猬会不会压根儿就不挖洞居住？回忆下儿时的经历，街坊四邻在清理院落时，确实是在一些犄角旮儿的杂物堆中发现过熟睡中的刺猬，但没有挖土挖出刺猬的情况。难道它们就是捡现成的隐蔽场所，对其内部稍加修饰便欣然入住了？

那一年的整个夏天，我都在定期对刺猬进行观察，但除了6月里的那两次偶遇，就再没真正赶上过它们从窝中走出或回到窝

中的情况。刺猬窝到底什么样呢？直到 8 月末，我才发现其中的
秘密。

那天晚上，头两个小时的寻找一无所获，我本以为会无功而
返，没想到却迎来意外收获。在我途经小片紫薇灌丛时，一只刺
猬闯入视野。突如其来的相遇让我俩都有些不知所措，我立刻停
下脚步，它也没有走开或缩成球，而是愣神看了我一眼便转身将
头和前半截身子埋入草堆。我后退了几步，希望得到它的谅解，
然而它却又往里钻得深了点。最后，我只能在草窟窿里凑合着看
到它的后腰。不过这个窟窿和草堆都显得有些不同寻常：窟窿很
"规则"，不像是临时应急扒拉出来的，更像是个使用了一段时间
的通道；草堆是由工人割草后搂到一起的杂草碎屑堆积而成，质
地比较紧实。

之后，这刺猬非但没有出来，反而钻得更深，然后蜷起身子
大睡了。我用树枝试探性地触碰了下草堆表面，这刺猬便在里面
突然缩成球，引得草堆也跟着抽搐了一下。看来，或许可以用此
方法检验草堆下面是否有刺猬。当晚，直到十点多我离开时，这
只刺猬都没再现身。这不禁让我在想：会不会此处就是它的窝，
而非临时藏身点？

第二天一早，我直奔现场查看。洞口依然敞开着，但此时从
"大门"外已看不到里面的内容。我又用树枝碰了碰，草堆猛然
一哆嗦，看来刺猬还在里面，这草堆有很大可能就是它的窝了。

当晚，我再次抵达，触碰草堆发现刺猬仍在。这次经历给了我一个重要提示——类似这样草堆、落叶堆之类的地方值得关注。这个调查不会受到刺猬夜行习性的限制，我可以在白天执行，此时我的视力也更好使，而刺猬通常都正躲在窝里睡觉，位置比较固定。

果不其然，几次地毯式搜索后，我又发现了其他几处"会哆嗦"的草堆，有的更是直接从洞口就看到了里面的刺猬。在接下来两年的观察中，有时我在跟踪刺猬被甩时，凭借这条线索，又成功地在失踪现场的草堆下找到了它。看来，杂草堆至少是刺猬重要的安家场所之一。

除了杂草堆，我发现刺猬还很会利用人为"制造"的各种犄角旮旯。杂物堆、墙边斜放的木板下面的空间，诸如此类，都会被刺猬相中，这个倒是和童年时期的印象比较接近。不过这些地方通常都不是供冬眠之用的。

秋末，刺猬做窝的热情空前高涨，也格外认真，毕竟马上就要冬眠，得弄个像样的"豪宅"在里面度过好几个月。

我曾有幸赶上一只刺猬建造过冬房屋的现场，它以公园树林里被人工堆积的一处枯枝堆为基础，然后不断地从周围叼来细小的树枝对其进行加固，最后做成一个像模像样的"毛坯房"。接下来，继续往里面塞它能搜集到的各种填充物和垫材，通常就是一些干草、落叶之类。短短一周时间，房子已由最初的框架结构

1- 有时，墙边斜搭着木板、瓷砖之类，其下面的空间也是刺猬理想的临时休息场所。

2- 刺猬用来冬眠的窝，规模比较"宏大"。

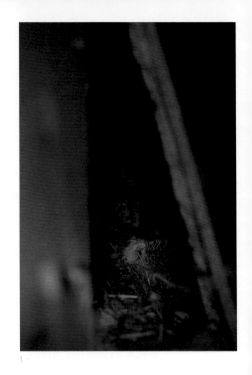

|-1

变为只留了一个天窗的状态。它也很少出来了，偶尔扒开天窗看看外面，然后用里面的材料堵上天窗，蜷缩起来继续睡觉。很可惜，后来我没能继续跟踪这只刺猬的动态，因为落叶杂物清理工程把这个刺猬屋带走了。

几年观察下来，真实情况已经比较明朗，刺猬的确不是靠挖洞穴建窝。它们比较随遇而安，如果是平时的小憩，草堆、枯枝灌丛下便足矣。伴人而居的个体很会找便利，杂物堆、人们丢弃的箩筐和包装箱之类都会被它们用来栖身。用来冬眠的小屋会比平时的房子更大、填充物更多，不过它们都没有向地下发展，去开发新楼盘。

搞清事情真相让我既开心又担心，毕竟，刺猬的这种居住习

2 ~

惯与园林及社区的管理理念存在着直接冲突。刺猬喜欢"乱糟糟",而我们需要干净整齐,社区里容不下杂物摊子,绿化带不接受枯枝落叶。刺猬如果真的在地下挖洞居住,反而和我们的清理工程互不干扰。而现实中,无论哪个季节,它们的住房都会面临被定期清理的风险。平常还好,赶上"围剿"来临,刺猬大不了一走了之,等风波过后另起炉灶。而秋末时节,它们已进入冬眠状态,再被一年中最大规模的林下大扫除工程惊扰,难免被打个措手不及。看来,我们也应该仿效一些欧洲国家的做法,在刺猬的家园中安放一些刺猬小屋(倒扣着的、带有侧开口的小筐),方能使矛盾得到较好的解决。

刺猬刺不刺

刺猬的仙人球造型实在是太深入人心了，以至于一提到刺猬，大众脑海中就会出现那个圆圆胖胖、小尖鼻头、黑豆眼、浑身竖满硬刺的形象。

的确，在我童年时期看过的绘本和动画片中，刺猬都是这般模样。而在当时的现实生活中，遇到刺猬主要有三种方式：街坊邻居收拾院子，在角落里发现刺猬，我得知消息过去看热闹；在市场上，偶尔会有人用小麻袋装着刺猬贩卖；跟着小伙伴们去河滩草地玩耍，偶遇刺猬，然后引得众伙伴围观。那会儿，所见的刺猬多数时候就是个刺球，即便有时因人为摆弄，它的外形轮廓发生了些变化，但那一身密密麻麻、横七竖八的刺，真是看着就感觉扎手。

不过，有些事情不能只观其表，对于刺猬的手感，我倒是也亲自体验过。那是在野外调查时拜一位师兄所赐。当时他发现刺猬后便不停地用手指轻触，迫使刺猬缩成一个球，然后蹲

1 - 刺猬完全缩起来时，确实就是个"刺球"。

2 - 刺猬自由活动时，常会将刺完全倒伏，
看上去一点也不"刺"。

1 -

2 -

下用手将刺猬捧起，接着一转身不容我犹豫就把这个刺团递到我怀中，我只好摊开双手接了过来。出乎意料的是，手感并没有想象的那么扎，几乎只是在上手初期有一点微微刺痛，之后便没什么特殊感受了。这倒也好理解，虽然每根刺很尖，但刺猬竖起浑身的刺后，如果不对它施加外力，只是捧在手上让刺与手掌完全接触，那么刺猬的重量会被这些刺尖分摊。我手掌肌肉和皮肤的弹性足以应对，不会受伤。但如再对其施加外力，那就是要与这些刺针锋相对，结果可想而知。刺猬也正是靠此"法宝"来对抗天敌的啃咬，得以保命脱身。

其实除了手感和想象中的有差异，平日里刺猬这身刺衣的外观也和大众印象不太一样。说到这里，就不得不退回 2012 年夏天，从我刚开始执行刺猬计划时说起。

起初，我的目标并不是刺猬，而是要去拜访那里的野兔（两天前我偶遇了两只，并且不太怕人，所以择日在晚上过去，期望

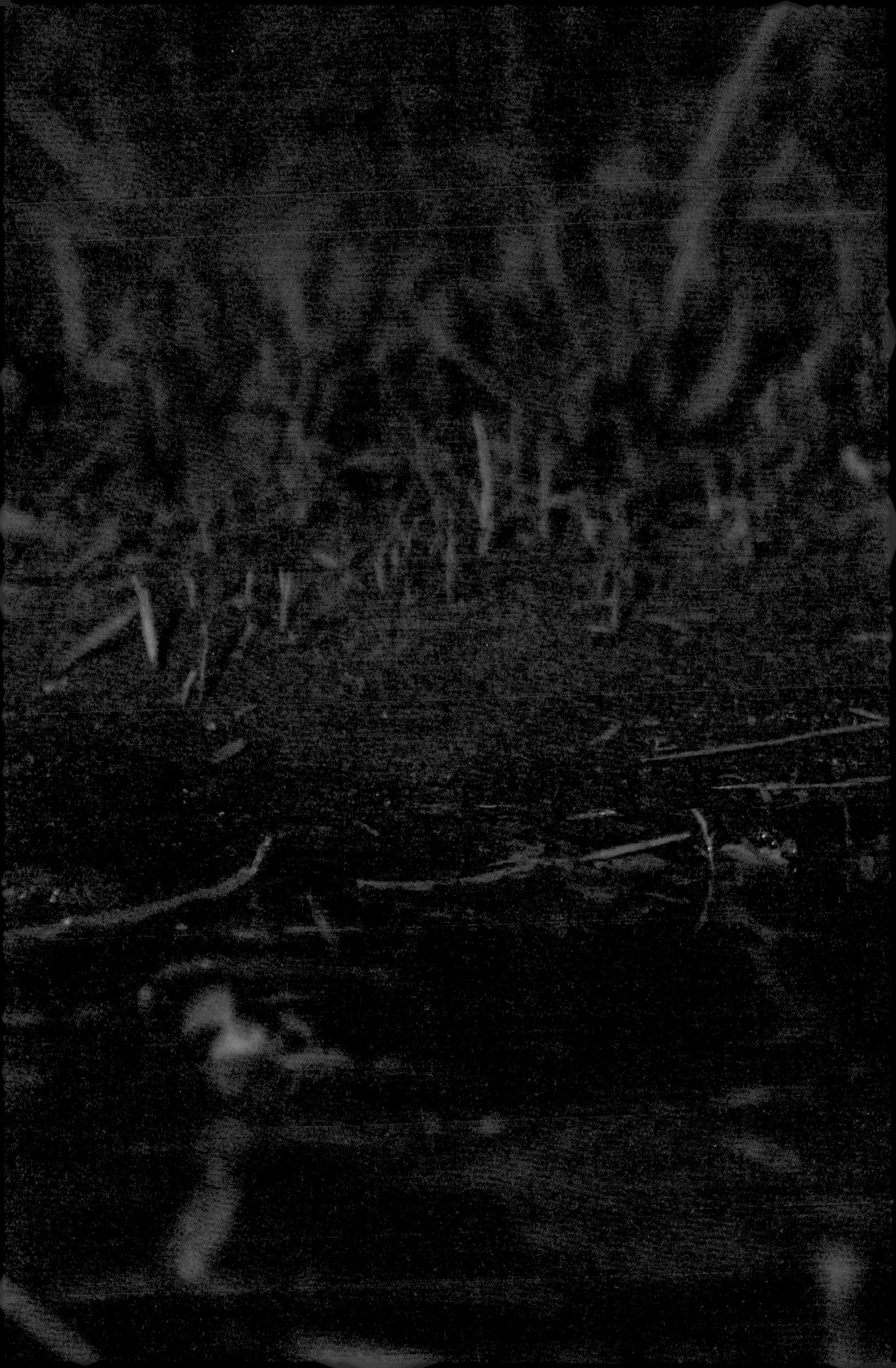

能与之重逢）。当日，我在天尚有光亮时抵达，然后找个视野较好的位置坐下来，静心等待。

结果，野兔还未登场，就有两只刺猬早早亮相。先出现的那只有草遮挡，我走到跟前查看。但它反应有些强烈，待在那儿不敢动，直愣愣地看着我。见此状，我便没再给予太多关注。

没过一会儿，又听得身边柏树丛下有响动，难道还是刺猬？我小心地借助手电光亮查看，果然是刺猬。这只模样显得怪怪的，好像有些"秃"。定睛瞧，这才看明白，它身上的刺全都倒伏着，看起来更像是披着一撮撮的硬毛，而并没有满身尖刺的感觉，远远看去像个短尾巴老鼠。我又靠近些，它立刻停住脚步，身上的刺由后至前瞬间绽放，不过远没有达到刺球程度，额头也依然平坦。随后，我撤回几步，想着别挡了它的道儿。而这只刺猬很快降低了刺竖起的程度，然后慢慢走开了。看到它如此表现，结合之前清晨遇到的那只刺猬的状态，我不禁在想：或许刺猬在悠闲放松的状态时，并不是那么"刺"。

当晚，后来我又发现了几只刺猬——想不到密度竟如此之高。虽然我稍晚些也如愿收获了野兔，但刺猬确实抢戏了，以至于我果断放弃了野兔计划，直接将刺猬计划正式启动。

随后在我和刺猬打交道的初期阶段，虽然历经诸多不顺，许久无法与其和谐相处，不过倒也有所收获，了解了一些它们应对不同程度的干扰时，用于表达不同紧张程度的肢体语言。

通常来说，心平气和时，刺猬周身的刺会完全卧倒，身体轮廓看起来非常顺滑（相对），甚至感觉"不像刺猬"。一旦它觉着

1. 一只刺猬在悠然放松地觅食，看上去和刻板印象中刺猬那浑身
   冒刺的形象有些不太一样。

2. 这只刺猬正在取食蚱蝉，啃咬中，它身上的刺半乍起来。不知
   是不是蚱蝉尖利的脚爪刺痛了它的嘴，让它本能地乍起刺。

1. 争斗中，这两只刺猬互相对撞在一起，然后双双缩成刺球防御。

2. 这只刺猬被一个强劲的对手顶翻在地，它立刻认怂，蜷缩起来不敢动弹。

不那么踏实，身上的刺便会微微翘起、随时待命，不过头顶的刺依然保持"平静"。如果恐惧继续加剧，其额头的刺便会向前竖起，有种"皱眉"的画风。此时，刺猬分不清对方是想吃掉它还是仅仅因为好奇而凑得过近，干脆进入一级战备，"变形"过程一触即发。如果对方和它有实质性的身体接触，哪怕是试探性地碰一下，刺猬便会像触发了启动开关，瞬间低头弓身，变成一个竖起刺的半球。若对方继续冒犯，刺猬则会越缩越紧，直至变成一整个刺球，头、四肢和尾都被刺衣包裹住。危险过后，刺猬打开防御的过程基本就是之前动作的倒放，不过，它常不等周身的刺全部解除警报便提前开溜，或许是心有余悸吧。

我曾一度把刺猬外衣形态的不同变化当作它们心情的指示牌，以此来判断我给它们带来影响的程度。不过后来发现，这个指示功能虽然通常有效，但也不能太过刻板。比如刺猬在对付难啃的蝉时，有的个体会半竖起身上的刺，仿佛在跟着用力，也不知是不是蝉的挣扎弄疼了刺猬嘴，让它下意识地有所反应；给自己挠痒痒时，有的个体甚至会"皱眉"，这明显不是因我而起；呼呼大睡时，刺猬会蜷着身子并竖起背上的硬刺，有时几乎达到终极防御的程度，可能以此方式能让它没有后顾之忧，睡得更安稳踏实吧。

而刺猬平时在求偶、争斗等与同类的交流活动中，其刺衣外形更为变化多端，估计此时它们的内心戏也极为丰富。毕竟同类间肢体语言一致，更容易相互理解沟通。

求偶过程中，公刺猬会不停地搭讪母刺猬，但后者不肯轻易

刺猬母子玩耍中也经常会乍起刺。这只刺猬宝宝正往妈妈竖起硬刺的背上爬，并没看出有太多不适。

就范，会有很长时间的僵持期。此时，只要对方一有动作，母刺猬就会低头竖起额头的刺正面相迎（有时身上的刺并不会有特别强烈的反应，依然保持比较平静的姿态），搞得公刺猬不得不围着母刺猬转圈，寻找"突破口"。

若赶上两只刺猬打架，情况就更好玩了。它们的常规试探招数就是你推我搡、互相顶撞。有时双方实力悬殊，交锋前就已分出胜负，弱势方一上来便被顶翻，立刻变为刺球状态，获胜者见其认尻也就无心恋战，随即走开。战败方稍后打开防守，蹑手蹑脚逃离。有时双方实力相当，谁也不敢轻举妄动，试探中刚一过招就各自退后，甚至双双缩成刺球。之后的打开过程也是相当缓慢，但又谁都不肯放弃，率先悄悄溜走。好容易各自抬了点头，虚晃下一搭手就又变回刺球。就这样反反复复数个回合，场面略显滑稽。当然，也有两员猛将激烈互撕的情况。此时，双方看上去更像是两个摔跤手在角力，只不过它们是靠嘴咬着对方来把位，而"跤衣"都没竖起刺，足见其各自的决心——放弃防守，全力猛攻。

白大仙的遁地术

　　小时候，了解刺猬信息的主要渠道就是书本和坊间传闻，不过那个年代书籍资料少，口耳相传的故事才是主流。童书里，刺猬通常是正面、可爱、乐于助人的卡通形象。而在民间传说中，刺猬是白大仙，和狐狸（狐大仙）、黄鼬（黄大仙）、蛇（柳大仙）、鼠（灰大仙）并称为"五大家"。

　　虽然刺猬在民间被视作仙，但我感觉它一直比较低调，远不像狐狸、黄鼬和蛇这几位那么招摇，动不动就搞个"附体"，让伤害它们或对它们图有不轨之心的人饱受疾病和灾难的折磨。在我身边的街巷间，关于刺猬"施法"的经典案例基本就没听说过，只有奶奶讲述过她小时候从亲戚家里听来的故事。

　　早年间，在一个远房亲戚家里，屋子墙角突然出现个洞，从里面爬出只刺猬，户主见状便赶忙将其清理走。结果回到家中时发现洞里又出来一只刺猬，接着清走。再回来又一只，再清走……就这样反复不停，最后变成了死循环，依然不断有刺猬从洞里往外出。他发现不对劲儿，赶紧烧香磕头"求饶"，没多久刺猬们便消失了。

　　我没法考证这个故事的"真实面目"，说不准它在流传期间就已衍生出多个版本。虽然周围刺猬施法的故事寥寥，不过老人们还是常叮嘱我"遇到刺猬不要去伤害它，否则会遭报应"。我不迷信，但对这类让人和动物友好相处的劝诫倒也有着几分好感。

　　然而，当我见到现实中的刺猬时，既不觉得它卡哇伊，也没领略到仙气飘飘，只感觉它很怪，而且是一种脱离我对小动物常规认知的怪。

　　那会儿，生活在居民区的刺猬与人为邻，一旦被发现就会引来强势围观。围观群众里常免不了有好事者动手动脚，他们会用顺手找到的任何工具扒拉刺猬，甚至将其挑起，有的干脆直接上脚踢。而刺猬遇此境况常会缩成一团，有时被树棍挑起后变成一坨滚刀肉，浑身软趴趴的，仿佛没有一点力气。所以，那时候在我看来，说"一摊刺猬""一坨刺猬"都比"一只刺猬"更为恰当形象。不过，先不管刺猬到底有没仙气儿，单凭这样的"气质"再加上一身特立独行的刺衣，就足够让它与众不同了。

　　直到2012年正式开始刺猬观察之前，我依然对它存有如上"偏见"——刺猬的属性是"怪"，而和"仙"完全不搭边。不过，随着观察的推进，刺猬的"仙气"开始逐渐散发，慢慢沁入我心。甚至到后来，我越发惊叹于劳动人民对刺猬的定性——白大仙。虽然各地传说不一，但在我看来，起码视觉上看它确实又白又仙。

关于这个态度的转变，那还是得从"想当初"说起。其实，我那会儿决定开始执行搁置已久的"刺猬计划"，除了被清晨遇到的那只刺猬佳丽打动之外，在一定程度上也是因为后来发现了一处刺猬密度很高的区域，觉着时机已然成熟。但真正开展工作后，情况让我有些一筹莫展，之前那么多刺猬竟都"不翼而飞"。经常整个晚上才能偶遇一两只，我又该去哪里寻找它们？（其实最开始那会儿我只不过是碰巧在刺猬求偶季，幸运地遇到几只公刺猬围着发情的母刺猬不停献殷勤，便误以为它们在这里密度很高且活动稳定。）

为了便于夜晚寻找，我配备了强光手电，以为有了它，再黑暗的角落也会被照得通亮，一切动静都能尽收眼底，但现实情况并没有如我预想那样得心应手。有时手电光亮多次扫过一小片空旷草地，明明毫无刺猬踪迹，却在我心灰意冷、走神溜号之时，突然有刺猬在眼前冒出。在那之前我完全没察觉到它来自何方，真是把我搞得一头雾水。有时我远远发现刺猬身影，蹑手蹑脚地过去，它却"变"成了鹅卵石。最离谱的一次，我满怀欣喜地发现了一只白刺猬，走到跟前却发现是个馒头，莫非刺猬真有变化之法？

好不容易发现目标后，确认是真刺猬，我便不愿放过这难得的机会，想赶紧按照既定方案实施跟踪。但刺猬对于移动的手电光有些敏感，稍微朝它身上照一下就会令其停下来发呆，甚至很长时间处于"石化"状态，难以恢复正常的行动节奏。这明显有悖于我的初衷，为此我不得不调低光量，并且尽量不往它身上直接打光。此外，我还要控制距离，只保持在将将能看到它的程度即可。

这些细节的改变的确奏效了。在随后的观察中，基本每次和刺猬相遇时，它们只是稍事停顿便很快恢复了常态，开始走路、觅食，行进速度时快时慢，我在后面一路小心翼翼地尾随。尽管有手电的帮助，刺猬也做了些妥协，不会对我做出太大反应而终止原本的活动，但我依然有很多次被它们给"骗"了——明明刚才就在我身前，并没有表现出任何回避我的意向，我也足够谨慎，但愣是眼睁睁看着它从视野中消失。而当我开始焦急找寻线索，却因左右寻它不见而为自己刚才的鲁莽感到懊恼时，一回头又看到它站在我身后，正"看我笑话，嘲笑我的无能"。在幽暗的树林中，这类事情接二连三地发生几次，便会让我不由自主地想起那些"刺猬是仙"的传说，莫非它真有仙法，精通遁地之术？还是说它表面显得大大咧咧，照吃照喝，不太在乎我的跟随，实际上内心深处一直老不愿意了，想着趁我疏忽之际（比如正在低头看路之类）便"施法"将我甩掉？

我不懂刺猬的语言，没法和它坐下来谈谈心，沟通一下彼此的想法，告诉它："我只是想看看你们的生活，并无伤害之意，请不要害怕……"所以，我只能想想其他办法，来试探下刺猬是否依然对我心存芥蒂。

我先尝试着让自己撤出来，不再试图尾随刺猬，看看在只做远观的情况下，它们还会不会上演遁地术。这之后，每次遇到刺猬，我都立刻停下不动，同时把手电光亮从它身上移开，只在其余辉中用目光进行跟踪。结果非常有戏剧性，刺猬依然会神秘消失。尤其是在夏季三伏天的晚上，刚刚还看它在匀速徘徊，于草地上、树坑里上上下下，一眨眼工夫就没了踪影。我习惯性地将目光顺着它的运动方向继续前行察看，结果却一无所获。过了会儿，它又从消失点的"地下"冒了出来，这几乎和之前我人肉跟踪时的情景如出一辙。然而，等它走远后，我到它刚才消失的地方察看，并未发现可用来藏身的地方，难道它就是简单一趴便能瞬间隐形？虽然我对此持比较肯定的态度，但要验证它，我还得再想点办法。

无奈之下，我只能再进一步强化这种佛系的观察方式，干脆关掉手电，坐在林子里静等，借助月光和路灯的组合凑合看。即便有刺猬出现，我也不开手电、不起身跟踪，这样便能最大限度地减少我给它带来的刺激，让所见内容接近自然本源，希望以此慢慢揭开真相。

虽然这种比较极端的方式经常让我空手而归，但开展数次后，依旧会有点滴收获慢慢显现出来。采用这种纯旁观的观察方式，我发现刺猬移动的速度在不同的环境、不同的运动类型中差异很大，时而横冲直撞满不在乎，时而蹑手蹑脚小心翼翼。粗

1

2

3

1 夏日夜晚，刺猬喜欢像这样趴在地上休息。

2 刺猬的身体能趴得很扁，借着夜色，再配合杂草落叶的掩护，很容易骗过我的眼睛。

3 活动间隙，刺猬有时也会突然停住，然后找个旮旯缩起来睡觉，这同样很容易骗过我的眼睛。

4 夜晚，在毫无察觉的情况下，扭头突然看到脚边有只刺猬正打量自己，那种感觉真是又惊又喜。

放时草丛都会被它拖拽得东倒西歪，我站在挺远处就能察觉到动静；而细腻起来时它就站在我脚边的矮草中，可我却没能发现。

　　最令人叫绝的是，刺猬还有一招"急停"。这个行为穿插在行走和觅食活动中间，可以在任何阶段"随时"上演。而且，也正是刺猬这个行为，让我接二连三地吃了哑巴亏。若它仅仅是停下脚步还好，草不高的时候，我仔细排查后尚能"失而复得"。最要命的是，有时刺猬停下之后紧跟着会趴在地上。尤其是在夏季的炎热天儿，可能是为了尽量大面积地接触地面以利于散热消暑，刺猬会张开四肢，直接摊在地上。如果它在高草丛亮出此招，那此次追踪也就基本宣告结束了，因为一时间再无踪迹可

寻。不过此种情况我心里并不会太懊恼，毕竟本身在这样的环境中不确定性就很高。但要在矮草地赶上这么一遭，就实属"活见鬼"了——刺猬趴下后，身体高度和矮草近似，刺衣能和周围的杂乱草枝融为一体，甚至还互相"交错掩护"，当初我于夜晚用手电扫描，容易有搜索死角，常一不留神就让刺猬的"隐身法"给骗了。

"来无影，去无踪"的身法，给刺猬带来了不少仙气儿。而它们的颜色在夜晚看去也和平时不太一样，挺符合白大仙的"人设"。在我这里，刺猬的体色主要有两种类型：一种刺衣颜色较深，偏棕灰，刺上有近黑色的片段，脸和腹部的细毛灰色；另一种刺衣浅灰色，每根刺上有浅棕色片段，脸和腹部近乎白色。此外还有一种不太常见的类型，刺衣颜色极淡，接近米黄色。如果不借助灯光而仅凭肉眼在夜色下观看，会感觉刺猬的颜色比白天看上去"白"得多。它疾走起来，我已然看不清其具体形态，只觉一道白影悄然而过，确实仙气飘飘。而当它在我毫无准备的情况下突然出现在脚边时，我们四目相对，在冷调的月光映衬下，它白色面庞上的那对黑豆眼则显得狡黠俏媚，仿佛能先知先觉，确实灵气逼人。

毛刺郎好身手

　　随着观察的深入推进，我慢慢摸着了点刺猬的脾气秉性。基本一碰面，我通过对方的反应就能对其性格略知一二，然后相应地"看人下菜碟"。遇到比较羞涩的个体，我干脆直接放弃，否则观察过程只会令我俩都紧张不快；要是赶上个大大咧咧的，我就多下点功夫。

　　起初，我觉着刺猬的觅食方式属于"捡拾型"。观察中经常看到它一路慢步走走停停，同时低头寻找，碰上眼前有什么吃的便停下来享用一番，然后抹抹嘴继续前行。采用这种方式，刺猬收获的基本就是些鼠妇、甲虫之类慢吞吞的家伙。

　　入秋后，林下的草丛里，鸣虫乐队粉墨登场。它们已配备好各色乐器，吹拉弹唱忙个不停。夜晚，我用手电小心地照亮林间小路。蟋蟀出动了，它们漫步在较为开阔的土地和石板路上，不知是出来应战、相亲还是觅食。有时，相邻两只雄蟋蟀鸣叫着彼此靠近，然后大打出手。不过和童年斗蟋蟀时常看到

1－①

1－②

1－①② 刺猬在草丛、落叶堆间卖力地翻拱，寻找藏在
下面的小虫，动静非常大，看上去很有"猪感"，
其英文名"hedgehog"果然名副其实。

1~①

2~

1~②

的"大战八百回合"不同，这些野生的蟋蟀经常是在交锋瞬间就决出了胜负，失败者随即逃离，胜利者也不会穷追败寇。

我想，刺猬应该是感受到了秋的信息，它们一改夏天里的懒惰，变得勤快起来，开始投入更多时间用来觅食。有时我跟着刺猬，一连两个小时里它仅是偶尔短暂放缓节奏，完全没有要长歇的意向。刺猬所经之处，蟋蟀受到惊扰四散蹦开，这些动静勾起刺猬极强的捕捉欲望。它左冲右杀，有时还会快速地原地打转，

3～

1 - ①② 刺猬虽然不挖深洞，但在觅食过程中，有时为了找寻土下的食物，也会嘴脚并用，在地面挖出一个小浅坑，把自己弄得灰头土脸的。

2 刺猬捕蝉时就显得轻松些，通常只靠嗅觉即可精准定位，而不用快速追赶或费力刨挖。

3 每年七八月份，大量蝉若虫爬出地洞，寻找合适的地方开始羽化。这个过程艰难重重，即便爬到树上也不稳妥，蚁群的攻击、骚扰常会让它们跌落，这也为刺猬捕蝉提供了更多机会。

4 超级灵敏的嗅觉常能帮助刺猬在觅食中走捷径。这只小刺猬嗅到草丛里有一块游人丢弃的奶酪面包，跑过去大快朵颐起来，这是再方便不过的晚餐了。

4～

之后稍作停顿又瞬间前扑。虽然刺猬跑起来速度并不快，不过在小范围内做这种突然的前冲和变向时，它爆发出的启动速度着实令我刮目相看。此时刺猬的动作节奏，和我童年时在游乐场开碰碰车的状态颇为神似——那会儿我技术生疏，刹车、油门、方向盘胡乱组合操作一气，搞得碰碰车反复前后挪动、左右打转。刺猬的这种捕虫方式看起来有些滑稽，每个动作都是突然启动，接着又戛然而止。这当中可能也有些游戏成分，但它们快速而连续地出击，确实偶有成功，能猎获美味的蟋蟀。

有时在等待刺猬的过程中闲得无聊，碰巧遇上出来活动的蟋蟀，我便出于好奇把脚（鞋）当作刺猬、脚（鞋）尖当成它的鼻子，仿效着刺猬的节奏"哼哼唧唧"地摇晃着脚接近蟋蟀。没想到，屡次尝试后，我发现蟋蟀被触碰时并不会像我之前想的那样一溜烟蹦得没了影，而是只做一两个小跳，有的甚至没有蹦开，仅仅快步挪到旁边而已。等我用脚学着刺猬的样子再接近几次后，不知是因为对我的脚"免疫"了，还是它们也有着自己的领地家园，不敢走得太远进入陌生区域，抑或是累了没力气猛跳了，总之，如果我反复接近，蟋蟀对我的脚的反应就会越来越平淡。这倒是给我不少启发，在被刺猬追捕时，如果蟋蟀的反应也是如此模式的话，那它很可能一直就没有逃出刺猬的"感应范围"。刺猬虽然一击不中，但它能依靠极其敏锐的嗅觉和听觉——可能还有一部分触觉甚至视觉助力——快速锁定蟋蟀的位置，开展后续的堵截追击。

有时，我也会把观察刺猬捕捉蟋蟀当作一项在秋夜里打发时光、消除寂寞的娱乐活动，甚至自己也会暗中给它鼓劲加油。看刺猬跟着眼前蹦跳的蟋蟀小跑，猛扑未中，我心里不断默默提示："向左，向右，继续向前……"当蟋蟀忙中出错跑到草丛基部时，它很可能会走投无路，此时刺猬的机会便来了。它低下头，用嘴不断地挤压、翻拱草丛及下面的枯叶。一旦形成如此局面，接下来就常会听到它吧唧嘴的声音，想来应该是得手了。

除了蟋蟀，蹦跳的小蟾蜍也特别受刺猬欢迎。初夏，大批蟾蛙的蝌蚪完成水中变态，开始登陆进入林地生活，逐步和刺猬的活动区域产生交集。与蟋蟀那种爆发力超强、弹速极快的跳跃不同，小蟾蜍的动作比较拖沓，蹦出的距离也很有限。不过，这好像更合刺猬心意，两者运动节奏几乎同步，刺猬追击起来显得更加连贯流畅。

有时，刺猬还会小露一手它的爬树本领——攀上一些灌木的斜枝。虽然离地不高，也就半米不到，但它所展示出来的协调性还是让我感到有些意外。不过，我一直没搞懂刺猬上去是何目的，因为并没见它捞得什么美味。甚至有时，它小心执着地在枝杈间爬几步后，发现此路不通，想扭身变向却被暂时性地"卡"住了。不过刺猬的身体柔韧性非常强，仿佛会"缩骨术"，通常挤来拱去总能脱身，就是动作慢点。在地面行走时，刺猬偶尔也会做些"莫名其妙"的事儿，比如明明是能爬过去的障碍，它却非要俯身塌腰从下面钻过去，身体看上去都被挤成了片状，仿佛是刻意要"展示"一下它的柔术。

刺猬的"超能力"远不止这些。有一次，我尾随一只大大咧咧的成年刺猬，看它一路上斩杀无数小虫。而当它身前一只菜粉蝶受到惊扰飞走时，它竟然四脚离地跳起来，想在空中将其擒获。虽然它最后没有成功，但这个浑身披刺的肉球一跃而起的画面，看起来着实有些违和。

跟着刺猬找蚯蚓

　　蚯蚓在地表的活跃程度，和降水有着比较固定的捆绑关系。无论是天然降雨还是园林中的人工喷淋，只要水量较大，就会让土下的蚯蚓不得不到地表来透透气儿。即便是雨后的大白天，走在绿化带旁边，也能不时地看见在地面上"搁浅"的蚯蚓，它们有的还充满活力，不过有些就奄奄一息的感觉，可能已经没有力气钻回泥土中了。而在干燥的日子里，很少看到蚯蚓抛头露面。于是我就习惯性认为这些家伙只在潮湿环境中才肯现身。直到跟着刺猬遛弯的时间长了，才发现之前对蚯蚓的认知有些狭隘。

　　我在晚上去观察刺猬时，并不是每次到了就能很快和它们相遇，有时赶上久久冷场，我便会沿着一些小路以非常慢的速度缓行，以求增加和刺猬碰面的机会。

　　在北京，虽然夏季雨水相对频繁，但除非刚下完雨或是连续几天降雨形成积水，否则土地表面依然常处于干燥甚至龟裂状态。每次我在硬邦邦的土地路面上行走时，借助微弱的手电光亮照明，常发现前方地面上有一些小东西"嗖"的一下蹿过去，接着就消失了。最初，我以为是些蟋蟀之类爱蹦的虫子，但后来调亮照明后发现，它们竟然是蚯蚓，想不到平时慢吞吞的"肉虫"竟能如此快速地移动。随后，每次慢步巡查时，我都有意留心地面上的这些家伙，并将手电调得更暗（蚯蚓对光敏感，手电一照就反应强烈），发现它们在干旱的日子里远比我之前想象的要活跃得多。

即便是石板路面，只要下面有泥土，蚯蚓就能在这里建造家园，于石板缝隙间构建进出通道。每到夜晚来临，没有了日光的辐射，蚯蚓似乎也并不介意钻出来暴露一下自己的身体。不过，在较为干旱的夜晚，蚯蚓确实没有在雨天活跃和大胆，而显得更小心谨慎一些。我经常看到它们在家门口露出大半截身子，能有近 20 厘米长，却久久不肯继续前行。在蚯蚓较为密集的路段，每隔半米左右就会有一条趴伏在洞口。这时，稍有风吹草动，它们就会迅速缩短逃回洞内，看上去像极了一根根被拉长的皮筋突然松了一端后急速收缩的样子。

如果我不蹑手蹑脚地走路，产生的震动声响可能对蚯蚓来说算得上是惊天动地了。以至于我用较为正常的速度行进时，几乎每迈一步，前方就有一条或几条"拦路"的"皮筋"解除封锁。一路走下来，那场景不由得让我想起一些闯关游戏的画面：闯关者勇敢前行，拦路怪纷纷退缩。如此看来，虽然夜晚蚯蚓频频现身，但以它们的警惕性和身手，或许刺猬并不能很轻松地获取蚯

1　在蚯蚓一截身子藏于洞中的情况下，周围稍有风吹草动，它就会非常迅速地撤回洞里躲藏起来。

2　有时，蚯蚓会在距洞口较远的地方活动，整个身子非常暴露，这就为刺猬捕猎提供了机会。

蚓大餐。

　　平常观鸟时，我留意过乌鸫、喜鹊、黑冠鹃等一些鸟类捕捉蚯蚓的方式，基本都是在草地上以静制动——原地站立，低头注视着地面动静，一旦发现有蚯蚓冒出头足够多，便立刻一跃而上，用嘴叼住蚯蚓然后生生把它拽出来，有时甚至会将钻土逃命的蚯蚓拽断。但刺猬这种地毯式搜索的觅食方法，几乎不会在一个地方原地不动呆立半分钟，而且行动起来不管不顾，还会制造"排山倒海"般的响动，蚯蚓很容易察觉并迅速躲回洞中。

事实上，在我的观察中，刺猬的确较少捕捉到在洞口边"放哨"的蚯蚓。不过，这些蚯蚓并不会一晚上都寸步不离家门，也会到远处溜达。如果它爬到较为开阔的地面上，没有地洞可以快速藏身，此刻刺猬的机会就来了，获取美味几乎不费吹灰之力。有时蚯蚓也会在落叶间穿走，这将给刺猬捕捉带来一点点小困难，不过刺猬凭借灵敏的嗅觉和锲而不舍的精神努力翻腾几下，多半都会有所收获。若是赶上大雨后或小雨中，大大小小的蚯蚓纷纷现身，而且格外忙碌（重新打造洞道），完全没有了平时的机警，刺猬的晚餐也将变得更为轻松惬意。

对于那些因为"闹洪灾"（降雨或草地喷淋）而被迫到地表逃难的蚯蚓来说，它们中有一些会因耗尽体力而无法重回家园，最终暴露在外无处可逃。这些可怜虫有的被鸟发现当作美味，有的被阳光炙烤着，变成了蚯蚓干。到了夜晚，这些蚯蚓干又会成为刺猬们唾手可得的美味小吃。

虽然蚯蚓肥美多汁，深受刺猬喜爱，但对于刚独立生活不久的小刺猬来说，有时捕捉蚯蚓也会是个不小的挑战。即便对方已经远离逃生通道，在光秃秃的地面上无从躲藏，小刺猬要想拿下它还是必须克服严重的心理障碍，这多少让我有些出乎意料。

曾有一次，我在白皮松下发现了一条盘踞的蚯蚓。它有10多厘米长，整个身子完全暴露在外，身体七扭八歪的，不是那种身体笔直一触即缩的形象，或许它已经远离家门了。我本想给这条大胆的蚯蚓拍个生活照，结果正赶上先前追踪的刺猬少年"白毛"一路走来。难道会有好戏上演？果然，白毛走走停停，最

终靠敏锐的嗅觉准确锁定了蚯蚓的位置。白毛似乎也有些兴奋，毕竟能吃上这么大一块肉，今晚的任务就完成了一大半了。不过也可能是因为这个猎物块头太大，在靠近的过程中它显得有些谨慎。我本以为接下来会上演白毛勇猛降服大个子猎物的场景，结果当它的鼻尖碰到蚯蚓身体时，蚯蚓突然来了个"就地十八滚"——整个身体不停地扭动翻腾，这动静直接把白毛吓得掉头一路小跑，逃了好远。

其实，虽然这条蚯蚓有点大，反抗时身体动作也很夸张，但并不会对白毛构成什么实质性威胁。只不过对白毛这样的毛头小子来说，精神层面的打击让它有些招架不住了。还好，几天后，白毛成熟了许多，变得彪悍起来。我看到它成功地在落叶堆里擒获一条更大的蚯蚓，看来它已经完全从几天前的阴影中走了出来。

蜗牛好吃吗？

　　漫步在刺猬的家园中，我总能在墙根儿、树干基部之类的地方见到不少蜗牛（主要是条华蜗牛）。平时，它们一动不动，缩在壳内睡大觉，一旦雨天来临，立刻就会被唤醒。雨后，我再去探察，这些地方再也不是之前那死气沉沉的景象，变得欢闹起来，蜗牛们个个伸长了"脖子"，不停地扭动着前行。不过，即便是在干旱的日子里，到了晚上，依然能找到另一种蜗牛——灰巴蜗牛在活动，它们好像并不介意是否天降甘霖。

　　这两种蜗牛的数量非常多，从一开始观察刺猬时我就在想：生活在这里的刺猬们，小日子真是太优哉游哉了，简直就是饭来张口。它们只需迈开步走到蜗牛聚集的地方，岂不很快便可酒足饭饱了！

　　这个想法似乎蛮合理，我问过不少人，他们也觉着"刺猬爱吃蜗牛"这事儿挺科学，甚至有些天经地义。

　　实际情况如何呢？我曾跟踪刺猬途经蜗牛狂欢派对的场地；

也在蜗牛聚居区蹲守过，等着刺猬前来用膳；当发现在趴伏着的刺猬身边有很多蜗牛时，我还会特意停住，蹲下来等着它继续开餐……结果都令我非常失望，虽然我在刺猬的粪便中看到过蜗牛壳碎片，也见过几次刺猬嘎嘣嘎嘣地嚼蜗牛，但始终未能有幸一睹它们扫荡蜗牛会场大快朵颐的场面。

采用比较理想的弱光观察方式后，我发现刺猬专心地用餐时常会非常专注甚至忘乎所以，丝毫不顾忌我在边上。它们边嗅闻边用嘴巴划拉，时不时地抬起头"咔吧"几声咬碎食物咽下，有的最后还吧唧吧唧嘴，非常得意地享受着自己捕获的战利品。在这种情况下，我能比较完整地看到它们采食的过程。有好几次，蜗牛和鼠妇、甲虫同时出现在刺猬"餐桌"上，甚至比邻而居，刺猬却显得非常挑剔，小心翼翼地择出它爱吃的菜品，而对蜗牛不予过问。更有甚者，蜗牛都几乎触碰到自己鼻子尖了，依然装作看不见。以刺猬的嗅觉，如此零距离接触，它不可能感觉不到对方的存在。看来，或许刺猬是真的不太爱吃蜗牛了？

我试着用自己的想法去揣摩刺猬的"感受"：蜗牛虽然容易获得，但咬碎后会产生许多边缘锋利的碎片，口感很不好。而在吃带硬壳的金龟时，刺猬却格外地兴致勃勃。这是不是就相当于：我吃油焖大虾时，能嚼碎硬壳将其整个进肚；若给我来盘炒田螺，虽然我也能咬碎螺壳（我试验过），但我还是愿意用牙签挑出肉来吃，因为一旦咬碎螺壳，那些碎片在嘴里确实让口腔感

觉不爽，非常扎。

　　这个想法听起来感觉还挺合理，但我依然想找到更为正式的刺猬食谱研究资料作为支持。所幸，从海外淘来的几本刺猬专著中，内容里食性分析占了不小的比重，还附有比较有说服力的数据支持。在这些资料中，蜗牛在刺猬食谱中所占的比例仅比3%稍高。虽然我没正式做过食性分析，但从直观感受粗略来看，这个数据和我观察到的实情非常吻合。而且，在对刺猬菜单里蜗牛如此之少的原因分析中，著者提出的想法也是感觉一来蜗牛有硬壳保护，二来蜗牛壳被咬开后形成的碎片会令咀嚼和吞咽很不舒服。这不由得让我窃喜，顿时有种"英雄所见略同"之感。

刺猬叫 & 老头咳嗽

　　得知我在观察刺猬后，周围常有朋友特别好奇地问我："在观察中有没有听到过刺猬咳嗽？"而当我反问刺猬为什么咳嗽时，对方的解释基本有两类：刺猬吃盐后会咳嗽；刺猬的叫声像老头咳嗽（也有"刺猬爱学老头咳嗽"的说法）。我进而追问他们是否真听到过这种声音，结果得到的答复都是"听别人说的"。想想也是，如果他们真的听到过，也就不会再问我了！

　　其实，我以前也曾听别人提起过这事儿，不过都是作为信息的接收者，特别是童年那会儿，听后也就信了。之后，我偶尔遇到刺猬，确实也听到过它们发出叫声，有点似咳非咳、似喘非喘的感觉，是种很难形容的声音。因为当时并不在意，所以后来也就对其印象模糊不清了。

　　在我正式开始观察刺猬的头几个月里，这个问题让我很是困扰，因为刺猬除了走路和觅食时会因踩踏落叶之类发出响动外，几乎听不到什么特殊的声音。我甚至一度认为刺猬是种很安静的动物，极少发出叫声。而我也不愿用给刺猬吃咸食的方式来验证这个传闻的真实性，所以传说中的老头咳嗽到底是什么呢？

2013年春天，事态似乎有了些新的线索。4月初的一个晚上，我等候寻找了三个多小时，只看到一只刺猬，而且不怎么活跃。眼看就要结束当晚的观察扫兴而归，在我路过小片紫薇灌丛时，一种很特别的声音引起了我的注意。声音时断时续，有点像我们那种打得不太痛快的喷嚏声（想打喷嚏但碍于现场环境不好意思动静太大，于是捂着嘴巴捏着鼻子强忍着不敢打出来，最后没忍住喷了出来，但声音很憋闷），又有点像我们闭紧嘴巴然后用鼻孔快速喷气的声音。当即，我脑子里便冒出"刺猬学老头咳嗽"的传闻。会不会是刺猬？在那个时间段，我实在想不出这个区域里还有什么其他小动物能发出如此持续的声音。

虽然急切地想知道是什么，但为了不惊扰它们，我没敢贸然靠近搜查，万一打草惊蛇失去目标就麻烦了。若能在较远处就确认发声动物的身份，那再好不过！我站住不动，关闭手电，试图靠耳朵确定声音来源的准确位置，然后靠路灯投射过来的微弱光亮找寻。喷气声还在继续，有时非常急促，有时又间断一小会儿。我不断转动头部，侧耳倾听，终于将声音的位置锁定——是在一株紫薇的基部。借助路灯光亮，我发现那里有一大一小两个椭球状物体，每次喷气声传来时，这两个东西就会一进一退缓慢地移动。

终于，我没忍住，打开了手电，但没敢直接对着它俩照射，仅让手电光的外晕稍稍扫到它们一点。这下看清了，果然是刺猬！还好，手电光亮没有打断它俩的进程，大的那只正弓起脖子埋着头，头顶上的刺竖起，整个身子前低后高，像一台小型推土机似的缓慢向前"推挤碾轧"。在它的强大"攻势"下，小个子被搞得节节败退，不过并没有逃开，反而当大个子停下来时，它又主动靠上前去。随后，大个子就又来一拨推搡。尽管小个子也试图从侧面接近，但效果甚微，每次都会被大个子扭过身来正面相迎，两个家伙就这样一轮又一轮地重复着同样的进退过程。并且，每次大个子推进时，都伴随着发出那种不太好形容的喷气声，看上去像是非常生气。

这两只刺猬是什么关系呢？

是竞争敌人？但看这场面，你进我退的，说它是战斗又有些过于和谐了，和之前看过的刺猬打架时的激烈对撞明显不同。那么是母子？孩子赖着不肯独立生活，还要啃老，妈妈怒气驱赶？但这孩子的个头又感觉有点太大了。在当时，我能想到的基本就这两个选择，可又都不太像。

相持一会儿后，小个子率先结束了纠缠，扭头走开了。大个子缓了缓神，也摇晃着身子慢步消失在灌丛深处。

在接下来的一个多月里，我又几次遇到类似场景，听到这种声音。有几次角度机会合适，我能看出它们不是两只雄性，而是一雌一雄。这个季节如此频繁地上演这种带发声助阵的推挤戏，我凭直觉认为很可能跟求偶有关。至此，我对已听到过的刺猬"叫声"做下梳理：平时，刺猬基本不发出声音，而在春夏之交，

刺猬求偶是场非常耗时的拉锯战。过程中，母刺猬会一次次低下头将凑上前来的公刺猬顶开，同时还会连续发出类似人用鼻子急促呼气时的那种"喷气声"。

有时，求偶现场会有第三者甚至第四者凑热闹捣乱，"喷气声"此起彼伏。在寂静的夜晚，这样的求婚派对显得十分喧闹。

草丛中、灌篱下若出现频繁的喷气声则很容易被人听到。那民间流传的"老头咳嗽"会不会就是指的这种声音？

所幸，其中一个推测在纪录片中得到了证实——刺猬求偶时确实就是这么个状态，但老头咳嗽声的问题依然悬而未决，因为即使我跟别人模仿了刺猬发出的这种喷气声，他们也无法确认，毕竟当初问我这事的人都没听过具体的声音。不过我坚信，继续观察就可能给问题的解决带来机会。

2015年春天，我还真收获了更为接近咳嗽声的证据。然而，这个证据对刺猬来说却有些残酷，请听我详细道来。

那会儿，我还没正式开始当年的刺猬观察，而在几次跟踪松鼠的过程中偶遇刺猬，便凑过去查看。结果令我十分沮丧，所见个体都极度虚弱，有的甚至奄奄一息。它们基本无法正常走动，只是偶尔挪动一下身子；身上的刺非常凌乱，脸也脏兮兮的；眼睛几乎眯成一条线，周围堆满了眼屎；鼻子糊着鼻涕，有的已经干巴结痂；最重要的是，它们的身体一抽一抽的，而每次抽动都伴随着一声咳嗽，或者说是每咳嗽一声，身体都会抽搐一下。这种声音的"身份类型"听起来十分明确——就是咳嗽，而不像之前听过的喷气声那样，在和咳嗽声对照时感觉有点模棱两可。有时这些病号咳嗽几声之后，声音会变弱，再发出的声音有点像我

们打嗝，但马上又会恢复为剧烈的咳嗽声。

很快，有朋友跟我透露在郊区也发现了大量的刺猬尸体。看来，这次说不定是一场刺猬界的流行病传播。虽然没有能力做专业的诊断和病理分析，但我个人感觉，这些刺猬很可能是呼吸系统出了问题。当我靠近时，多数个体都不会做出正常刺猬应有的反应，它们既不走开也不警惕，只是低着头不停地颤抖、咳嗽。

在随后的几个春季中，虽然没有再出现类似 2015 年那样的浩劫，但确实在这个时段里，刺猬类似病症的出现率非常高。也有热心群众在春季发现此类症状的个体后，将其交送救助机构的情况。这些病号经诊断确诊为肺炎，使用抗生素治疗痊愈后放归。想想也是，如果不是肺出了问题，单纯因呼吸道偶尔有点异物而引发咳嗽，很难发展到如此虚弱的程度。

现在我们来梳理下信息脉络。春天刺猬刚结束冬眠，体力消耗巨大，然而这时食物供给极不稳定，基本处于空白期。这些因素综合在一起，很可能对一些本身体质较弱的个体产生严重影响。加之此时气温波动明显，确实容易导致体弱个体患上呼吸系统疾病。这些个体患病后，身体每况愈下，活动能力减弱，见人不躲，而持续的咳嗽声又让它们更容易被人发现。将这些线索糅合在一起考虑，我越发感觉，与刺猬求偶现场母刺猬连连发出的喷气声相比较，民间传说的刺猬咳嗽似乎更像是对肺病个体发声

1 ~ 春季，遇到刺猬"咳嗽"的几率比较大。这些个体通常都患有呼吸道疾病，行动反应迟缓，脸部脏兮兮的，咳嗽、喷嚏不断，有的甚至奄奄一息。

2 ~ 这里是公园员工倒剩饭菜的地方，每晚都有好几只刺猬来此聚餐。我尚未看到它们有用餐后咳嗽的情况，也可能是饭菜"不够咸"。

的描述。而且，这真的就是实实在在的咳嗽。

不过，传说中的"刺猬吃盐多了咳嗽"似乎又揭示了另一条思路——按常理来说，如果吃了刺激咽喉的食物，确实会反射性地引起咳嗽。但我不愿拿来咸食给刺猬做试验，思来想去，到公园中一些工人倒剩饭的地方等候观察，或许有希望看到不一样的情况。正巧，在我的观察区域内，还真就有一个地方是员工倒剩饭的点，也确实有几只刺猬经常光顾此处捡吃剩饭。那有没有咳嗽声呢？多数情况下，它们吃个酒足饭饱最后溜溜达达走开也没咳一声，只有几次是因为刺猬过于狼吞虎咽把自己噎着了，随即咳嗽了几声而已。

如此说来，"刺猬吃咸了会咳嗽"这事儿是空穴来风了？倒也未必，万一我没看到那些刺猬咳嗽是因为这些饭菜不够咸呢！可如果饭菜齁咸，那刺猬还会来品尝吗？问题接踵而来，似乎要变成无解状态。的确，在自然观察中，很多问题不便人为设定条件来进行试验，只能祈求观察多了，合适的机会能够幸临。或许日久天长之后，传闻中的真相就会逐渐浮出水面。

白大仙 PK 黄大仙

刺猬和黄鼬的关系如何？这个话题应该会让人感兴趣，毕竟这二位在民间都位列仙班——分别是白大仙和黄大仙，它们之间的"相生相克"很具话题性。我听到最多的，都是黄鼬专克刺猬的说法，降服的细节也被人们演绎成不同版本，在民间传得不亦乐乎。

在民间的说法中，为破解刺猬的刺衣护身法，黄鼬使出的都是"臭招"：有的说它会放臭屁将刺猬熏晕，待其身子变瘫软解除了防守，就可以找到突破口了；也有的说黄鼬会围着缩成球的刺猬撒尿，刺猬被熏得难受便打开了蜷缩着的身体，这下黄鼬就有机会向刺猬软弱的腹部发动攻击了。无论屁还是尿，都走的是"气味攻击"套路。结合黄鼬会放臭屁的技能，这个思路似乎又来得顺理成章。我在野外确实多次看到过团成一卷的刺猬皮，和传说中被黄鼬从腹部下口吃空后残留的刺猬皮非常吻合。

时至今日，我也尚未领教过黄鼬臭屁的威力，不过身边有朋友曾在用捕鼠笼捉老鼠时误抓过黄鼬，对那味道有过切身体会，据他讲真是永生难忘。如此看来，人们顺此推出刺猬在遭到黄鼬臭屁攻击时会被熏得难受不堪，迫不得已打开蜷缩的防守姿态，好像也是可以理解的了。至于尿液攻击，或许是人们在动物园感受过狐狸尿臊味的酸爽后类推出来的产物吧。而那些跟我讲述黄大仙擒获白大仙故事的人，尽管他们讲得声情并茂、绘声绘色，但都有一个共同点——谁都没见过，只是听说而已。这样一来，我就无法辨析此事在口耳相传的过程中糅进了多少个人加工演绎的成分，也就更无从谈及知晓事情本源的真相了。

如果顺着这条探究途径继续挖掘下去，可能此事弄上十年二十年也没个结果，毕竟"听说"一词涵盖了太多的不确定因素。我不是"宁可信其有"思维模式的拥护者，但我也不愿意轻易否定没见过的情况，毕竟在自然的事儿上，证伪比证真更加麻烦。加之我是一个比较"厌书"的人，所以就自作主张把翻阅查证这条路封死了。针对白大仙和黄大仙之间的斗法，我只能先采取搁置的方式。直到我正式开展刺猬观察后，这桩悬案才被再次提上桌面，不过我并没计划着能找到答案，甚至连碰到黄鼬和刺猬同框的场面我都感觉实在是奢望，因为黄鼬太过机警敏捷，每次看到都是一闪而过，它又怎么会允许我观看它施法擒获白大仙的好戏呢！

刺猬观察经历了一波接一波的坎坷挫败后，终于在我放慢脚步后渐渐步入正轨，随之而来的额外福利也是我没想到的——黄

1 黄鼬是刺猬的老邻居，也可能是它潜在的敌人。

2 我时常能在公园绿地看到像这样卷曲的干刺猬皮，骨肉很可能是被一些肉食性动物所食，但凶手未知，也很难说是不是刺猬意外死亡后才被吃的。

3 一张干卷的刺猬皮出现在黄鼬洞口（左侧树下方），也不排除有可能仅仅是个巧合。

2

1

3

鼬出现了，而且有时候并不仅是一闪而过。在我观察刺猬的区域里，时常有黄鼬出现，有的仅是过客，有的个体一连几天都能看到在附近徘徊，有时还会带着幼崽出现。

我借鉴了观察刺猬的成功经验，每次遇上黄鼬时便立刻静止，也不用手电强光去紧密跟随。如果它急匆匆赶路，那就随它去吧，我依然原地不动，一切本着"愿者上钩"的原则——我就站在此处，悉听尊便。我深知，如果我跟过去，它会倍感压力。另外，黄大仙所经之处，若有刺猬在场同样也会被我的脚步打断正常的行为节奏，最后两头皆空，在我看来这应该算是犯了观察的大忌！

在这样一个刺猬、黄鼬共享的地段儿，我也会穿插采用定点守候的方式，找好地方后一晚上待着不动。借助弱光照明观察，在我视力所及的范围内，有时刺猬驾到，有时黄鼬光临，按说只要加大观察的时间投入，就可能有机会看到刺猬和黄鼬同框出现。事实也确实如此，虽然几率很低，但在我这种"死磕"的等待方式下，也算是小有收获，越来越多的黄白二仙"同台"案例被收录到观察记录中来。

在这些案例中，通常的情况都是刺猬正在觅食，黄鼬从附近经过。刺猬只管埋头吭哧吭哧找寻食物，而黄鼬则是在约五六米外的地方蹦跳而过，中途略有停顿站立。我不清楚它们各自有没有发现对方，总感觉刺猬"傻了吧唧"的，很可能没有察觉到黄鼬的存在。它几乎一直没抬头，行为也没有任何暂停，只是自顾自地低头找吃的。至于黄鼬，我感觉如果它是在觅食的话，依靠其出色的视觉、听觉、嗅觉，应该不难发现刺猬的存在，不过在这种距离和行为类型的同框中，黄鼬也并没有表现出一丁点发现刺猬并对其产生兴趣的迹象。

倒是有几次，黄鼬和刺猬都在同一区域觅食，只不过黄鼬的动作频率和幅度比刺猬的大很多。最终，刺猬发现了黄鼬，于是放下手头的工作呆立了片刻，接着便又"复工"了。而黄鼬也察觉到刺猬的存在，扭头看了它一眼，随后转身继续忙自己的去了。有次，二位大仙之间仅相隔一米多远且没有什么障碍阻挡，两者依旧是这种停顿—观望—愣神—"打个招呼"后各忙各的节奏。说好的"黄鼬放屁熏晕刺猬然后大开杀戒"哪儿去了？

观看了几次黄鼬和刺猬完美的错车表演后，我对二仙 PK 的兴趣渐渐淡化。在此之前，我觉着异常机警的黄鼬在觅食、猎杀时不会允许我旁观，也就不奢望看到它和刺猬的对决。但后来发现，黄鼬并没那么神经质，它在觅食（特别是狩猎）的时候有时会非常执着，甚至有些忘我，只要我看戏时原地不动或不做出剧烈的行为变动，它根本不把我当外人。所以，看到黄鼬在专注觅食的过程中邂逅刺猬时依然保持"平静"，确实让我感到有些失望。

不过，二仙常在同一地界溜达，免不了会有零距离接触的机会。2015 年国庆节当晚，我发现一只刺猬正兴致勃勃地在烂草垛上找吃的，便停了下来，决定把它当作今晚的观察主角。它不停地左右翻拱，间或缓慢移动几步，我边盯着它边不忘用余光环顾四周，因为这个季节黄鼬也十分活跃。

果然，想什么来什么！一只很大个儿的黄鼬出现了，它迈着小碎步朝我这边走来。当它穿过林间小路后走上一条土埂时，我强烈预感会有大事发生。因为如果它一直沿着这条路线前行，便很可能和刺猬超近距离碰面，此时刺猬距离土埂仅隔着一丛矮草。事态果然如我所料，黄鼬真的"上道"了。可让我感到意外的是，它竟然和刺猬擦肩而过，似乎一点没有察觉到对方的存在。而刺猬则有一点点反应，停下了手头的事情呆立着不动。

　　眼看着黄鼬的身影马上就要跨出手电光亮照射的范围，我没敢打灯跟踪，生怕这来之不易的"纯天然"节奏被破坏。就在我即将又一次陷入失望之时，这黄鼬竟然杀了个回马枪，又从黑暗中溜达回来，而且动作意图很明显是在寻找着什么。我顿时心提到了嗓子眼儿，任凭被周围成团的蚊子叮咬也不敢有一丁点动作。几乎与此同时，我做出决定：无论接下来发生多么难得一见的场景，都要放弃拍摄、只做观察，以保证事态发展尽量接近自然原貌。

　　黄鼬低着头寻寻觅觅，一路朝刺猬走去。眼看两者之间的距离逐渐缩短，3 米、2 米、1 米。哦，我的天，它还在靠近，而且目标十分明确，就是冲着刺猬去的，只有半米不到了！此时，刺猬也有所察觉，暂停一切工作，站立不动，严阵以待，不过它并没有竖起刺来。黄鼬来到刺猬身后，并没有发动攻击，毕竟此时它和刺猬同向，面对刺猬长满硬刺的背部它无计可施。只见它从刺猬侧面绕到它身前，将头伸了过去。此刻刺猬依然没有缩成球，难道黄鼬这是要攻击它没有硬刺保护的头部？类似的招数我曾在介绍渔貂捕捉北美豪猪的资料中看到过：渔貂会压低身子，甚至躺在地上，然后去攻击豪猪的头部，从而得手。

终于，这二位来了次在我观察经历中"史无前例"的亲密接触。由于是夜晚，而且我和它们隔着四五米的距离，加之其动作太快，我没法看清每一个细节。只感觉黄鼬的鼻尖刚碰到刺猬，刺猬就立刻"唰"的一下变成了半球——头紧紧地埋在身下，头顶和颈部的刺向前竖起。虽然刺猬并没有进入一级防御的全刺球状态，但黄鼬似乎已经对它失去了兴趣，一秒钟都不愿多待，扭身离开了。会不会是由于我旁观而干扰了黄鼬的行动？我不敢说绝对没有，但它接下来的表现让我感觉这个干扰的可能性很低。它离开刺猬后并没有快速消失，而是依然迈着小碎步晃悠着身子四下找寻。很快，它在距离我比刚才更近的地方低头叼起个东西几口吞下，然后继续一路缓慢前行。

再看那只刺猬，待黄鼬离开后没多会儿就露出了脑袋，不过头顶的刺依然处于戒备状态——"眉头"紧锁。随后，它在附近找了个浅坑，埋头大睡起来。

既然如此，那黄鼬和刺猬之间的斗法是以讹传讹了？我可不敢这么说。在我的实际观察中，虽然尚不曾遇到过刺猬被黄鼬捕食的情况（幼年个体也没有过），但死亡的刺猬尸体却时有发现，除了春季因呼吸道疾病高发导致死亡，平时也能看到些不明死因的尸体。这些尸体若被饥饿的黄鼬发现，或许它没理由置之不理。而黄鼬要对刺猬尸体下口，依然得从没有硬刺的腹面开始，最后吃完剩下一张带刺的皮。会不会是前人看到这样的皮张

这只刺猬被黄鼬贴面"亲热",立刻缩成刺球。

黄鼬败兴离去后,刺猬慢慢打开了防御。

后附会了黄鼬降服刺猬的情节?另外,病弱的刺猬个体确实会出现反应和防御力降低的情况,有时我用树枝触碰它,它都只是身体颤抖而已,不能做出有效的防守姿态。如果黄鼬碰到这类机会,作为一个机会主义者,它可能也不会放过。所以,黄鼬和健康的刺猬个体相遇时,两者或许能相安无事,但这并不等于它们能永久和平。在动物纪录片中,若机会不合适,猎手选择和猎物擦肩而过,待时机成熟时再施以杀戮的情节屡见不鲜,这也是生存之道。

我看过一些英国的资料,过去常把獾列为刺猬的一大天敌,有描述说獾可以利用长爪打开刺猬的防御,然后下口。而随着监控设备的普及,在一些庭院的监控素材中,獾和刺猬共用晚餐的场面成了主流,而且刺猬遇到獾后也没表现出明显的不安。所以有观点认为獾捕捉刺猬可能是一些个体行为,未必具有普遍性。而我认为,獾来到装有监控的庭院中享受院主的布施,有现成可口的饭菜,自然也就没有去啃硬骨头的动力了。同样,饥饿的压力是否能激发黄鼬捕捉刺猬的潜能呢?随着观察的持续进行,我也期待更多样、更丰富的答案慢慢揭晓。

开启
暗夜之门

夜观察不一定非要一上来就看清楚，也不用急着都看清楚，"以黑治黑"常能带来不一样的感官体验。如果能在黑暗中建立起自己"人畜无害"的标签，就获得了观看自然舞台剧夜场版的门票。

———————————————————————————————

和刺猬打交道的过程，让我遇到前所未有的难题。所幸，新的观察思路为我打开了暗夜之门。

严格说来，确实是刺猬指引了我如何在夜晚欣赏自然。起初，我还是本着"什么都想瞧清楚、看明白"的想法，然而因为暗光下可视范围的限制，不能像白天那样提早发现目标，停下脚步来远观，所以每当我能看到有东西时，都"为时已晚"。对方要么匆匆离去，要么在原地惴惴不安。如今看来，这也太急于求成了，只会让计划大幅延滞甚至被迫中断。还好，后来我迷途知返。

"看清"固然不可谓不重要，但与其迫不及待地想看清刺猬做的一切，不如先安慰下自己，放慢脚步、调低光亮甚至放弃额外照明，别再去追求光亮，有时甚至仅仅是依靠原始的感官去探知黑暗的节奏。这是种佛系的顺其自然，虽然低效但却属于"磨刀不误砍柴工"。我在感官追求上做出退让，刺猬在应激反应方面相应妥协，久而久之我们达成共识，你中有我，我中有你。

本来我的初始意图是想用这种方式和刺猬建立合作，真正执行后发现收获远不止于此。在慢节奏的等待和巡视中，夜晚不再沉静，我也不是先前那种不停寻找动物的状态，而更像是在观看自然舞台剧的夜场版。随着夕阳西下，日场剧谢幕，舞台稍稍宁静片刻后，夜场演员们便陆续登场，戏码一出接一出。虽然有的演员只是匆匆而过，甚至主角们的戏份也看不太清，但经过长期的观察积累，收获的信息量依然十分可观，最关键的是，它们多数都是比较自然的。此外，这种暗光下捉摸不定的感觉，让我有了种全新的体验，对夜行的感受也焕然一新。我不是在做调查，所以不需要把所有夜场演员都点名登记，对我来说，这种赏夜方式的所得足矣。

黑暗限制了我的视野范围，不过并没有封死我感知自然夜晚的通路，它只是以另一种方式向我展示夜场剧情。